AKADEMIE DER WISSENSCHAFTEN DER DDR
Zentralinstitut für Astrophysik

# Veröffentlichungen der Sternwarte in Sonneberg

Band 7 · Heft 6

HERTA GESSNER und ISOLDE MEINUNGER

# Die veränderlichen Sterne der nördlichen Milchstraße

## Teil XV

Akademie-Verlag · Berlin 1973

HERTA GESSNER und ISOLDE MEINUNGER

# Die veränderlichen Sterne der nördlichen Milchstraße

## Teil XV

Veröffentlichungen der Sternwarte in Sonneberg · Band 7, Heft 6

AKADEMIE DER WISSENSCHAFTEN DER DDR
Zentralinstitut für Astrophysik

# Sternwarte Sonneberg

## Veröffentlichungen

Band VII

Akademie-Verlag · Berlin 1965 – 1973

# Inhalt

AKADEMIE DER WISSENSCHAFTEN DER DDR
Zentralinstitut für Astrophysik

Veröffentlichungen der Sternwarte in Sonneberg

Band 7 · Heft 6

HERTA GESSNER und ISOLDE MEINUNGER

# Die veränderlichen Sterne der nördlichen Milchstraße

## Teil XV

Akademie-Verlag · Berlin 1973

Erschienen im Akademie-Verlag, DDR-108 Berlin, Leipziger Str. 3–4

Lizenznummer: 202 · 100/577/73
Gesamtherstellung: VEB Druckerei „Thomas Müntzer", 582 Bad Langensalza
Bestellnummer: 761 782 5 (2006/VII/6) · ES 18 D 4
7,50
Printed in German Democratic Republic

## Zusammenfassung

Die vorliegende Veröffentlichung enthält die Erstbearbeitung der hauptsächlich von C. HOFFMEISTER (112 Objekte) und zum Teil von G.A. RICHTER (19 Objekte) auf Platten der Sonneberger Astrographen (400/1600 und 400/1950 mm) seit dem Jahre 1963 entdeckten Veränderlichen der milchstraßennahen Felder φ Cassiopeiae, 136 Tauri und β Delphini. Dementsprechend handelt es sich überwiegend um Sterne der Spiralarm- und Scheibenpopulation. Lediglich das Feld β Delphini mit einer galaktischen Länge von 59° und einer galaktischen Breite von -16° dringt etwas mehr in zentrale Teile des galaktischen Halos vor und hat daher einen relativ hohen Anteil an lichtschwachen RR-Lyrae-Sternen.

Zweck der Arbeit ist eine Vervollständigung des Beobachtungsmaterials für eine ausführliche statistische Untersuchung der Spiralarm- und Scheibenpopulation unserer Galaxis.

## Summary

The present publication contains the first treatment of variables, discovered mostly by C. HOFFMEISTER (112 objects) and partly by G.A. RICHTER (19 objects) on plates of the Sonneberg astrographs (400/1600 and 400/1950 mm) along the Milky Way in the fields φ Cassiopeiae, 136 Tauri and β Delphini. The variables are therefore mainly stars of the spiral arms and the disc population. Only the field β Delphini with a galactic longitude of 59° and a galactic latitude of -16° penetrates a little more into central parts of the galactic halo and shows consequently a relatively high percentage of faint RR Lyrae stars.

The intention of this work was to complete the observational material for an extensive statistical investigation of the spiral arm and disc population of our Galaxy.

## Einleitung

Diese Arbeit enthält die Typenzuordnung und Lichtwechselelemente von Sternen, deren Entdeckungsanzeigen am Schluß der Tabellen aufgeführt sind.

Sie ist die Fortsetzung der in Band 1, Heft 3 (1949), Band 2, Heft 5 (1956) und Band 4, Heft 2 (1957) der Veröffentlichungen der Sternwarte Sonneberg angegebenen Daten der bereits früher in den gleichen Feldern entdeckten Veränderlichen. Es sind meist Sterne relativ niedriger effektiver Entdeckungswahrscheinlichkeit, da sie erst bei späteren Plattenvergleichen gefunden wurden. Deshalb handelt es sich bei den hier untersuchten Veränderlichen oftmals um Objekte, die unter folgenden erschwerenden Bedingungen bearbeitet wurden: Lichtschwäche, kleine Amplitude und ungünstige Lage auf den Platten.

Übersicht der bearbeiteten Felder

| Name | Anzahl der Platten | Zeitabschnitt 24.... | Anzahl der Sterne | Bearbeiter |
|---|---|---|---|---|
| φ Cas | 360 | 27984 - 39803 | 41 | I. Meinunger |
| 136 Tau | 168 | 26351 - 40206 | 41 | H. Geßner |
| β Del | 281 | 25478 - 39388 | 49 | I. Meinunger |

## Feld φ Cassiopeiae

| Name | α 1855.0 | δ | Art | Max. | Min. | Seite |
|---|---|---|---|---|---|---|
| S 8452 Cas | $0^h35^m.0$ | $+61°13'$ | ?l | $17^m.0$ | [$18^m.0$ | 613 |
| S 8453 Cas | 0 35.2 | +59 54 | Lb | 15.0 | 15.5 | 613 |
| S 9486 Cas | 0 37.7 | +54 32 | SRb | 13.8 | 16.0 | 613 |
| S 9135 Cas | 0 38.6 | +59 33 | EW | 14.5 | 15.0 | 613 |
| S 9136 Cas | 0 38.9 | +54 21 | M | 13.0 | [17.5 | 614 |
| S 9487 Cas | 0 39.7 | +52 45 | M | 14.4 | 17.0 | 614 |
| S 9488 Cas | 0 43.0 | +57 59 | Lb | 15.0 | 15.5 | 614 |
| V 415 Cas | 0 45.9 | +58 34 | EA | 14.0 | 16.8 | 614 |
| S 8454 Cas | 0 50.6 | +55 10 | EA | 14.0 | 16.5 | 615 |
| V 387 Cas | 0 51.9 | +57 55 | E | 12.5 | 13.0 | 616 |

| | | | | | | |
|---|---|---|---|---|---|---|
| S 9137 Cas | $0^h52^m.3$ | $+55^o50$ | Lb | $10^m.3$ | $11^m.3$ | 616 |
| V 416 Cas | 0 53.2 | +56 28 | Lb | 12.2 | 13.2 | 616 |
| S 9491 Cas | 0 54.3 | +60 50 | ?l | 16.5 | 17.0 | 616 |
| V 455 Cas | 0 57.5 | +60 59 | Lb | 15.5 | 16.6 | 616 |
| V 456 Cas | 0 57.9 | +53 16 | SRa | 13.6 | 14.3 | 616 |
| V 417 Cas | 0 58.6 | +52 52 | M | 14.0 | [17.5 | 617 |
| S 9140 Cas | 0 59.1 | +61 31 | Ins? | 14.2 | 15.5 | 617 |
| V 457 Cas | 1 1.1 | +54 27 | SRa | 15.5 | 16.5 | 617 |
| V 418 Cas | 1 3.6 | +61 25 | M | 14.6 | [17.5 | 617 |
| V 461 Cas | 1 4.0 | +59 5 | SRb | 15.3 | 16.4 | 618 |
| S 9143 Cas | 1 6.7 | +57 19 | Lb | 15.0 | 16.0 | 618 |
| S 9144 Cas | 1 12.6 | +61 1 | ?s | 14.8 | 15.4 | 618 |
| V 467 Cas | 1 13.4 | +56 36 | SRb | 15.4 | 16.1 | 618 |
| V 390 Cas | 1 19.0 | +61 30 | M | 14.3 | [17.5 | 618 |
| V 420 Cas | 1 21.9 | +58 1 | E | 14.9 | 16.5 | 618 |
| V 470 Cas | 1 23.1 | +55 45 | E | 13.0 | 13.5 | 619 |
| V 471 Cas | 1 23.2 | +54 27 | EW | 14.1 | 14.6 | 619 |
| V 472 Cas | 1 24.0 | +59 48 | Lb | 14.2 | 14.9 | 619 |
| V 473 Cas | 1 25.5 | +55 55 | E | 13.4 | 14.0 | 619 |
| OY Per | 1 25.9 | +52 53 | E | 15.0 | [17.5 | 619 |
| V 349 Per | 1 27.5 | +53 5 | Lb | 14.0 | 15.0 | 620 |
| V 421 Cas | 1 28.5 | +56 35 | EA | 14.5 | 15.7 | 620 |
| V 422 Cas | 1 30.9 | +58 41 | EA | 14.9 | 16.7 | 620 |
| V 475 Cas | 1 31.9 | +55 40 | SRa | 15.3 | 16.3 | 621 |
| V 476 Cas | 1 33.7 | +58 38 | SRa | 16.0 | [17.5 | 621 |
| V 424 Cas | 1 37.5 | +56 3 | E | 15.1 | 16.5 | 621 |
| V 480 Cas | 1 38.5 | +54 44 | EW | 14.5 | 15.0 | 621 |
| KU Per | 1 41.5 | +54 8 | SRa | 16.0 | [17.5 | 622 |
| V 350 Per | 1 43.0 | +57 7 | SRa | 16.2 | 17.3 | 622 |
| V 481 Cas | 1 46.9 | +58 36 | SRb | 15.5 | [17.5 | 622 |
| V 394 Cas | 1 51.7 | +62 0 | EB | 15.0 | 17.0 | 622 |

Umgebungskarten siehe AN 288, p. 67 (1964); AN 289, p. 212 (1966) sowie AN 289, p. 148 (1965).

## Feld 136 Tauri

| Name | α 1855.0 | δ | Art | Max. | Min. | Seite |
|---|---|---|---|---|---|---|
| S 9181 Aur | $5^h23^m.6$ | +29°42' | E? | $13^m.3$ | $13^m.7$ | 624 |
| V 416 Tau | 5 25.7 | +25 45 | L | 15.2 | 15.8 | 624 |
| IX Tau | 5 29.6 | +25 21 | M | 14.0 | [20 | 624 |
| LZ Aur | 5 29.9 | +29 49 | L | 14.1 | 15.4 | 624 |
| MM Aur | 5 30.2 | +28 54 | E | 15.6 | 16.5: | 624 |
| IZ Tau | 5 35.5 | +28 13 | M | 14.8 | [18 | 625 |
| V 422 Tau | 5 39.7 | +26 23 | L | 15.5 | 16.1: | 625 |
| MQ Aur | 5 42.3 | +31 48 | L | 13.3 | 14.7 | 626 |
| MS Aur | 5 47.2 | +31 51 | L | 13.1 | 13.6 | 626 |
| LR Aur | 5 51.0 | +28 35 | E | 14.9 | [16 | 626 |
| LN Gem | 5 54.9 | +26 51 | L | 14.8 | 15.6 | 626 |
| LQ Gem | 5 57.8 | +23 33 | E | 13.2 | 13.8 | 626 |
| MO Aur | 5 36.0 | +31 51 | E | 13.1 | 14.7 | 626 |
| MP Aur | 5 37.4 | +31 40 | EA | 14.8 | 16.2 | 627 |
| MR Aur | 5 42.3 | +31 2 | EW | 15.1 | 15.5 | 627 |
| V 423 Tau | 5 44.0 | +24 21 | E | 15.7 | 16.5: | 628 |
| V 424 Tau | 5 45.8 | +26 46 | EA | 15.0 | 15.8 | 628 |
| MT Aur | 5 48.1 | +30 40 | EA | 14.8 | [16 | 629 |
| MU Aur | 5 48.5 | +29 33 | EA | 13.2 | 13.6 | 630 |
| MV Aur | 5 48.9 | +30 27 | RRab | 13.8 | 14.6 | 631 |
| LO Gem | 5 55.2 | +25 21 | E | 11.5 | 12.0 | 631 |
| LP Gem | 5 56.0 | +26 39 | EA | 12.5 | 15.0 | 631 |
| S 10485 Tau | 5 22.4 | +26 10 | ? | 11.8 | 12.2 | 632 |
| S 10486 Tau | 5 23.4 | +25 49 | L | 14.9 | 15.2 | 632 |
| S 10487 Aur | 5 25.8 | +31 42 | E | 12.3 | 12.8 | 633 |
| S 10488 Aur | 5 34.5 | +30 25 | ?s | 14.9 | 15.2 | 633 |
| S 10489 Tau | 5 35.0 | +25 47 | E? | 12.6 | 13.2 | 633 |
| S 10490 Aur | 5 37.6 | +32 22 | EA | 12.7 | 14.2 | 633 |
| V 421 Tau | 5 39.6 | +22 38 | UG? | 14.5 | [20 | 633 |
| S 10492 Tau | 5 39.6 | +27 30 | ?l | 12.7 | 13.1 | 634 |
| S 10493 Tau | 5 40.1 | +22 55 | ?l | 14.5 | 14.8 | 634 |
| S 10494 Aur | 5 43.5 | +29 52 | ?l | 13.0 | 13.6 | 634 |
| S 10495 Tau | 5 44.9 | +27 22 | ost? | 14.3 | | 634 |

| | | | | | | |
|---|---|---|---|---|---|---|
| S 10496 Tau | $5^h45^m.3$ | +23° 4 | cst? | $14^m.7$ | $15^m.0$ | 634 |
| S 10497 Aur | 5 46.7 | +29 2 | ? | 15.3 | 15.6 | 635 |
| S 10498 Aur | 5 47.6 | +30 6 | ? | 14.4 | 14.7 | 635 |
| S 10499 Aur | 5 48.1 | +30 3 | ?s: | 13.5 | 13.8 | 635 |
| S 10500 Gem | 5 53.9 | +27 15 | E? | 15.2 | 15.5 | 635 |
| S 10501 Gem | 5 54.1 | +27 28 | ?s | 14.9 | 15.2 | 635 |
| S 10502 Gem | 5 59.8 | +25 52 | ?l | 14.1 | 14.5 | 635 |
| LS Gem | 6 6.5 | +27 26 | SR? | 14.6 | 16.0: | 635 |

Umgebungskarten siehe AN 289, p. 148 (1965); AN 290, p. 284 (1968) und MVS 5, p. 72 (1969).

## Feld β Delphini

| Name | α 1855.0 | δ | Art | Max. | Min. | Seite |
|---|---|---|---|---|---|---|
| S 10060 Del | $20^h12^m.3$ | +12°53 | ?s | $15^m.8$ | $16^m.3$ | 636 |
| S 9682 Sge | 20 14.0 | +17 55 | L | 14.5 | 15.8 | 636 |
| GZ Del | 20 15.4 | +10 8 | RRab | 15.8 | [17.0 | 636 |
| S 9684 Del | 20 15.5 | +18 43 | ?s | 14.0 | 14.5 | 636 |
| S 8285 Del | 20 16.2 | +11 8 | Lb | 15.3 | 16.5 | 636 |
| S 8286 Del | 20 16.4 | +15 38 | SR | 15.0 | 16.0 | 637 |
| GH Del | 20 17.0 | +13 30 | RR | 14.9 | 16.0 | 637 |
| HH Del | 20 18.9 | +17 27 | Lb | 13.0 | 14.5 | 637 |
| S 8288 Del | 20 19.0 | +15 19 | Lb | 12.0 | 12.5 | 637 |
| HI Del | 20 19.3 | +17 28 | RR | 16.0 | [17.0 | 637 |
| S 8289 Del | 20 19.4 | +11 2 | Lb | 14.5 | 16.0 | 637 |
| S 8290 Del | 20 20.5 | +11 42 | Lb | 15.0 | 15.8 | 638 |
| S 10062 Del | 20 21.2 | +18 48 | Lb | 14.0 | 15.5 | 638 |
| HK Del | 20 22.6 | +12 42 | Lb | 15.5 | [17.5 | 638 |
| HL Del | 20 22.8 | +17 41 | ? | 16.0 | [17.0 | 638 |
| GI Del | 20 23.4 | +12 12 | L | 15.8 | [17.0 | 638 |
| S 8292 Del | 20 23.8 | +11 49 | ?s | 15.1 | 15.6 | 638 |
| HM Del | 20 25.5 | +18 15 | RRab | 15.6 | 16.7 | 639 |
| HV Del | 20 26.5 | +11 0 | RRab | 15.2 | 16.2 | 639 |
| GK Del | 20 26.6 | +13 12 | RRab | 15.8 | 16.7 | 639 |
| HN Del | 20 26.7 | +10 30 | EA | 14.5 | 17.0 | 640 |
| GL Del | 20 27.6 | +11 4 | RRab | 16.0 | [17.5 | 640 |

| | | | | | | |
|---|---|---|---|---|---|---|
| S 8295 Del | $20^h29^m.8$ | +12° 0' | SRb | $11^m.5$ | $12^m.4$ | 640 |
| HO Del | 20 30.1 | +12 33 | UG | 13.6 | [17.2 | 640 |
| HW Del | 20 32.8 | +15 43 | Lb | 15.5 | 16.5 | 641 |
| GM Del | 20 33.2 | +15 60 | RRab | 16.0 | [17.0 | 641 |
| GN Del | 20 33.5 | +15 21 | RRab | 15.5 | [17.0 | 642 |
| GO Del | 20 33.9 | +13 39 | RRab | 16.1 | [17.2 | 642 |
| GP Del | 20 34.1 | +14 9 | RRab | 16.2 | [17.3 | 643 |
| HQ Del | 20 34.9 | +18 28 | Lb | 16.5 | [18.0 | 643 |
| HX Del | 20 35.8 | +16 56 | Lb | 16.0 | [17.0 | 643 |
| HY Del | 20 36.3 | +17 14 | SRb | 13.0 | 13.7 | 644 |
| GQ Del | 20 37.2 | +15 41 | RRab | 15.6 | [17.0 | 644 |
| S 10068 Del | 20 37.2 | +17 24 | Lb | 12.5 | 13.0 | 645 |
| S 10069 Del | 20 37.9 | +14 48 | Lb | 12.3 | 12.8 | 645 |
| S 10070 Del | 20 38.5 | +14 46 | Lb | 13.5 | 14.0 | 645 |
| GR Del | 20 39.1 | +14 55 | RRab | 15.9 | [17.0 | 645 |
| GS Del | 20 40.0 | +14 30 | E | 15.5 | 16.5 | 646 |
| GT Del | 20 40.5 | +19 0 | Lb | 15.5 | [17.0 | 646 |
| HZ Del | 20 40.7 | +13 35 | E | 14.5 | 15.0 | 646 |
| S 8306 Del | 20 42.2 | +14 22 | Lb | 14.7 | 15.3 | 646 |
| S 10071 Del | 20 43.3 | +14 54 | ?s | 12.7 | 13.2 | 646 |
| II Del | 20 43.5 | +18 40 | RRc | 14.3 | 15.0 | 646 |
| GV Del | 20 43.6 | +12 5 | RRab | 15.5 | 16.5 | 647 |
| IK Del | 20 45.2 | +15 10 | RRab | 15.8 | 16.8 | 647 |
| HS Del | 20 46.7 | +16 37 | RRab | 16.0 | 17.0 | 647 |
| HT Del | 20 48.0 | +16 40 | RRab | 15.6 | 16.7 | 648 |
| GX Del | 20 49.7 | +17 19 | RR | 14.5 | 15.7 | 648 |
| S 9693 Del | 20 50.5 | +16 20 | Lb | 14.2 | 14.8 | 648 |

Umgebungskarten siehe AN <u>288</u>, p. 65 (1964); AN <u>289</u>, p. 215 (1966); AN <u>290</u>, p. 59 (1967).

## Feld φ Cassiopeiae

Fortsetzung von VSS 2, p. 310 (1956)

S 8452 Cas    Langsam veränderlich? $17^m.0$ - [$18^m.0$

Auf den vorliegenden Platten ließ sich der Veränderliche infolge Lichtschwäche und unmittelbarer Randnähe schlecht beobachten. Deshalb können auch keine näheren Angaben von diesem Stern gemacht werden.

S 8453 Cas    Langsam veränderlich (unregelmäßig); $15^m.0$ - $15^m.5$

Die Beobachtungen waren auf die Platten der großen Astrographen (400/1600 mm; 400/1950 mm) beschränkt und konnten auch da nur in Randnähe vorgenommen werden. Der Lichtwechsel des rötlichen Veränderlichen ist durch langgestreckte, flache Wellen charakterisiert.

S 9486 Cas    Langperiodisch? $13^m.8$ - $16^m.0$

Der Veränderliche war wegen eines nahen Begleiters und seiner Randnähe schwer zu beobachten. Die oft nicht gesicherten Erhellungen um 243 0400, 8044, 8386, 9063 führten zu den genäherten Elementen:    Max. = 243 0400 + $347^d$/n·E

S 9135 Cas    W-UMa-Stern; $14^m.5$ - $15^m.0$
Min. = 243 8284.511 + $0^d.574046$·E

| JD | E | B-R |
|---|---|---|
| 243 8284.496 | 0 | $-0^d.015$ |
| 8286.497 | 3.5 | -0.023 |
| 8287.618 | 5.5 | -0.050 |
| 8288.484 | 7 | -0.045 |
| 8290.526 | 10.5 | -0.012 |
| 8318.441 | 59 | +0.060 |
| 8322.448 | 66 | +0.050 |
| 8324.404 | 69.5 | -0.003 |
| 8325.497 | 71.5 | -0.058 |
| 8328.444 | 76.5 | +0.018 |
| 8640.446 | 620 | +0.026 |
| 9063.458 | 1357 | -0.033 |

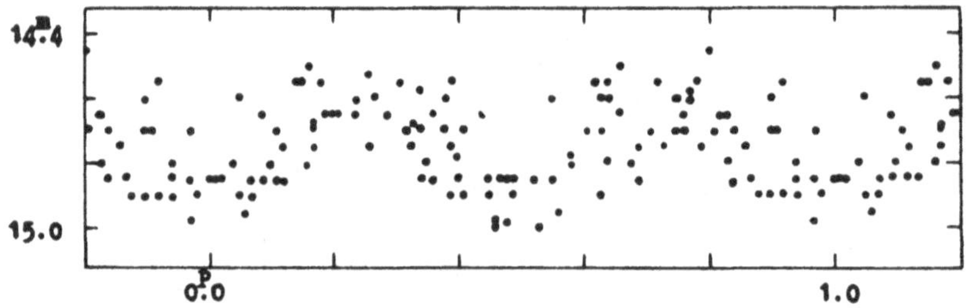


S 9136 Cas — Mira-Stern; $13^m.0$ -[$17^m.5$

Max. = 242 9060 + $320^d$·E

| JD | E | B-R |
|---|---|---|
| 242 9070 | 0 | $+10^d$ |
| 243 0020 | 3 | 0 |
| 0320 | 4 | -20 |
| 0990 | 6 | +10 |
| 8660 | 30 | 0 |

S 9487 Cas — Mira-Stern; $14^m.4$ - $17^m.0$

Max. = 242 9243 + $195^d$·E

| JD | E | B-R |
|---|---|---|
| 242 9230 | 0 | $-13^d$ |
| 9630 | 2 | - 3 |
| 243 0045 | 4 | +22 |
| 0420 | 6 | + 7 |
| 0600 | 7 | - 8 |
| 9770 | 54 | - 3 |

S 9488 Cas — Langsam veränderlich (unregelmäßig); $15^m.0$ - $15^m.5$

Der rote Stern zeigt langsamen, regellosen Lichtwechsel. Erhellungen um 242 8865, 8980, 9515, 243 0240, 0813, 1180, 6876, 9054 werden durch Stillstände und kurzzeitige abrupte Helligkeitsänderungen unterbrochen.

V 415 Cas — Algol-Stern; $14^m.0$ - $16^m.8$

Min. = 242 9106.587 + $12^d.536157$·E

| JD | E | B-R |
|---|---|---|
| 242 9106.417 | 0 | $-0\overset{d}{.}170$ |
| 9194.374 | 7 | +0.034 |
| 9219.478 | 9 | +0.066 |
| 9244.313 | 11 | -0.172 |
| 243 9060.369 | 794 | +0.073 |

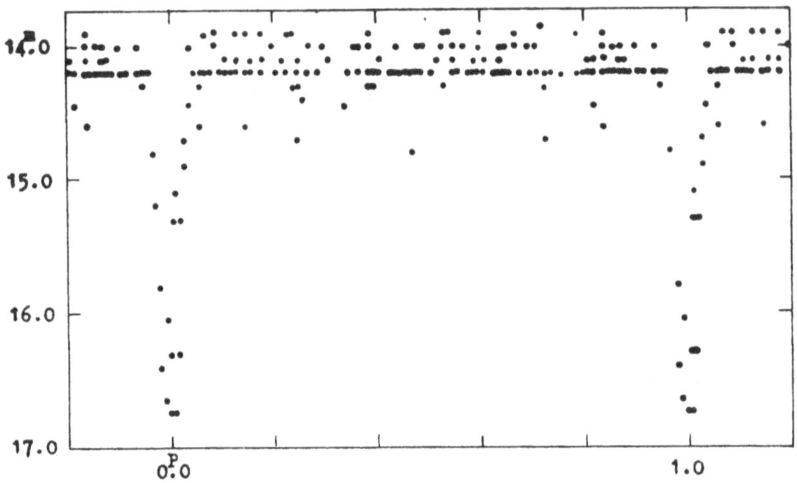


S 8454 Cas    Algol-Stern; $14\overset{m}{.}0 - 16\overset{m}{.}5$

Min. = 242 9219.478 + $28\overset{d}{.}652245 \cdot E$

| JD | E | B-R |
|---|---|---|
| 242 9219.478 | 0 | $0\overset{d}{.}000$ |
| 243 8044.284 | 308 | -0.085 |
| 8330.644 | 318 | -0.248 |
| 9792.461 | 369 | +0.305 |

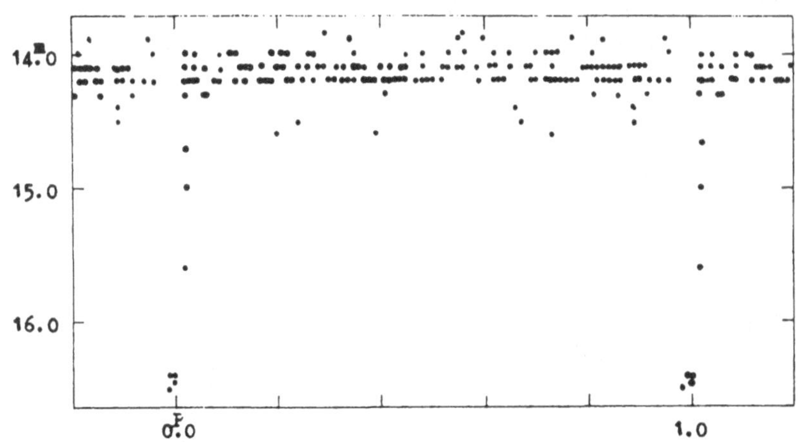

V 387 Cas — Bedeckungsstern; $12^m_.5 - 13^m_.0$

Min. = 242 8523.713 + $1^d_.608208 \cdot E$

Die Elemente stammen von STROHMEIER und BAUERNFEIND (IBVS 360; 1969). Diese Autoren geben auch Schwächungen und (B-R)-Werte.

S 9137 Cas — Langsam veränderlich (unregelmäßig); $10^m_.3 - 11^m_.3$

Unregelmäßige Wellen charakterisieren den Lichtwechsel dieses roten Veränderlichen. Im Zeitabschnitt 243 9080 bis etwa 9600 zeichnet sich eine Periodenlänge von ungefähr 110 Tagen ab.

V 416 Cas — Langsam veränderlich (unregelmäßig); $12^m_.2 - 13^m_.2$

Mehr oder weniger ausgeprägte Wellen und Stillstände kennzeichnen hauptsächlich den Lichtwechsel dieses roten Sternes. Erhellungen fanden sich bei 242 9495, 243 0285, 8385, 8730.

S 9491 Cas — Langsam veränderlich (unregelmäßig); $16^m_.5 - 17^m_.0$

Im Gegensatz zur Entdeckungsanzeige deutet die Verteilung der Beobachtungen langgestreckte, flache Wellen an.

V 455 Cas — Langsam veränderlich (unregelmäßig); $15^m_.5 - 16^m_.6$

Der Lichtwechsel des rötlichen Veränderlichen stellt sich in langsamen Wellen dar, teilweise überlagert von kurzzeitigen geringfügigen Helligkeitsänderungen. Ob es sich dabei um Streuung oder einen realen kurzperiodischen Effekt handelt, konnte nicht entschieden werden.

V 456 Cas — Langperiodisch; $13^m_.6 - 14^m_.3$

Max. = 242 8855 + $135^d_.3 \cdot E$

| JD | E | B-R | JD | E | B-R |
|---|---|---|---|---|---|
| 242 8855 | 0 | $0^d_.0$ | 242 9670 | 6 | + $3^d_.2$ |
| 8985 | 1 | - 5.3 | 9940 | 8 | + 2.6 |
| 9130 | 2 | + 4.4 | 243 1030 | 16 | +10.2 |
| 9230 | 3 | -30.9 | 8325 | 70 | - 1.0 |
| 9540 | 5 | + 8.5 | | | |

V 417 Cas — Mira-Stern; $14^m_{\cdot}0$ – [$17^m_{\cdot}5$

Max. = 243 0215 + $418^d$/n·E

| JD | E | B–R |
|---|---|---|
| 243 0240 | 0 | $+25^d$ |
| 1020 | 2 | –31 |
| 6850 | 16 | –53 |
| 7310 | 17 | –11 |
| 7690 | 18 | –49 |
| 8600 | 20 | +25 |
| 9020 | 21 | +27 |
| 9430 | 22 | +19 |
| 9820 | 23 | – 9 |

S 9140 Cas — Unregelmäßig veränderlich; $14^m_{\cdot}2$ – $15^m_{\cdot}5$

Der im Bereich einer Dunkelwolke liegende ungefärbte Veränderliche hat nach der Verteilung der Beobachtungen vermutlich einen unregelmäßigen Lichtwechsel. Langsame Helligkeitsänderungen werden mitunter von raschen Schwankungen unterbrochen.

V 457 Cas — Langsam veränderlich (halbregelmäßig); $15^m_{\cdot}5$ – $16^m_{\cdot}5$

Die im folgenden angegebenen Erhellungen lassen sich darstellen durch die Elemente:

Max. = 242 8475 + $137^d$·E

| JD | E | B–R |
|---|---|---|
| 242 8480 | 0 | $+ 5^d$ |
| 8865 | 3 | –21 |
| 9985 | 11 | + 3 |
| 243 0280 | 13 | +24 |
| 0390 | 14 | – 3 |
| 8630 | 74 | +17 |
| 9030 | 77 | + 6 |

V 418 Cas — Mira-Stern; $14^m_{\cdot}6$ – [$17^m_{\cdot}5$

Max. = 242 8235 + $480^d$·E

| JD | E | B–R |
|---|---|---|
| 242 8250 | 0 | $+15^d$ |
| 9200 | 2 | + 5 |
| 243 0615 | 5 | –20 |
| 8295 | 21 | –20 |
| 9770 | 24 | +15 |

V 461 Cas Langsam veränderlich (unregelmäßig); $15^m.3 - 16^m.4$

Der rote Stern zeigt im überwiegenden Teil des Beobachtungszeitraumes flache Wellen mit einer Periode von etwa 130 Tagen.

S 9143 Cas Langsam veränderlich (unregelmäßig); $15^m.0 - 16^m.0$

In langgestreckten, nicht sehr ausgeprägten Wellen ändert dieser rote Stern seine Helligkeit.

S 9144 Cas Kurzperiodisch; $14^m.8 - 15^m.4$

Es konnten nur die in der Entdeckungsanzeige gemachten Feststellungen getroffen werden.

V 467 Cas Langsam veränderlich (unregelmäßig); $15^m.4 - 16^m.1$

Der Lichtwechsel dieses roten Sternes scheint unregelmäßig zu sein. Er ist durch langgestreckte, flache Wellen unterschiedlicher Zeitdauer charakterisiert. (Zyklenlänge rund 100 Tage.)

V 390 Cas Mira-Stern; $14^m.3$ -[$17^m.5$
Max. = 242 9322 + $362^d \cdot E$

| JD | E | B-R |
|---|---|---|
| 242 9355 | 0 | +33^d |
| 9680 | 1 | - 4 |
| 243 0030 | 2 | -16 |
| 0390 | 3 | -18 |
| 0770 | 4 | 0 |
| 9460 | 28 | + 2 |
| 9820 | 29 | 0 |

V 420 Cas Bedeckungsstern; $14^m.9 - 16^m.5$

Die Periode von $18^d.3832$ ist sehr unsicher, da zu ihrer Ermittlung nur die Minima 242 9134.508, 9244.313, 243 0347.299 zur Verfügung standen. Demzufolge werden die übrigen Beobachtungen nicht befriedigend genug dargestellt. Zur Klärung dieses Falles müßte weiteres Beobachtungsmaterial herangezogen werden.

V 470 Cas  Bedeckungsstern; $13^m.0 - 13^m.5$

Die Bearbeitung dieses Veränderlichen wurde durch relativ große Helligkeit und kleine Amplitude erschwert. Die Schwächungen bei 242 9231.369, 243 0259.513, 0280.374, 8044.284, 8653.492,9060.369, 9801.609, 9803.443 ließen sich durch die Elemente

$$\text{Min.} = 242\ 9231.369 + 0^d.444692 \cdot E$$

darstellen, die aber nicht als gesichert betrachtet werden können.

V 471 Cas  W-UMa-Stern; $14^m.1 - 14^m.6$
Min. = 242 9486.449 + $0^d.335998 \cdot E$

| JD | E | B-R |
|---|---|---|
| 242 9486.449 | 0 | $0^d.000$ |
| 9923.260 | 1300 | +0.014 |
| 243 0313.376 | 2461 | +0.036 |
| 0376.319 | 2648.5 | -0.021 |
| 8286.603 | 26191 | +0.030 |
| 8287.618 | 26194 | +0.038 |
| 8288.613 | 26197 | +0.025 |
| 8289.603 | 26200 | +0.006 |
| 8296.437 | 26220.5 | -0.048 |
| 8318.483 | 26286 | -0.009 |
| 8322.260 | 26297 | +0.072 |
| 8322.492 | 26298 | -0.032 |
| 8325.497 | 26307 | -0.051 |
| 8327.507 | 26313 | -0.057 |
| 8328.487 | 26315.5 | +0.083 |
| 9802.331 | 30702 | +0.071 |

V 472 Cas  Langsam veränderlich (unregelmäßig); $14^m.2 - 14^m.9$

Die Helligkeitsänderungen dieses rötlichen Veränderlichen werden durch lange, flache und unregelmäßige Wellen charakterisiert.

V 473 Cas  Bedeckungsstern; $13^m.4 - 14^m.0$

Die bei 243 8286.497, 8296.467, 8318.483, 8322.619, 8325.539, 8328.444 gefundenen, teilweise unsicheren Minima waren für eine genaue Periodenbestimmung nicht hinreichend.

OY Per  Bedeckungsstern; $15^m.0$ –[$17^m.5$

Außer den in der Entdeckungsanzeige gegebenen Minima (243 8289.45, 8653.57) wurden noch einige weitere bei 242 9162.583, 9168.476,

243 0376.319, 9802.243 festgestellt. Die daraus berechneten Perioden ergaben keine befriedigenden Lichtkurven.

V 349 Per        Langsam veränderlich (unregelmäßig); $14^{\rm m}.0 - 15^{\rm m}.0$

Der Lichtwechsel dieses rötlichen Veränderlichen zeigt flache, unregelmäßige Wellen.

V 421 Cas        Algol-Stern; $14^{\rm m}.5 - 15^{\rm m}.7$

Min. = 242 9168.446 + $4^{\rm d}.463606$·E

| JD | E | B-R |
|---|---|---|
| 242 9168.476 | 0 | $+0^{\rm d}.030$ |
| 9244.313 | 17 | -0.014 |
| 243 0998.499 | 410 | -0.025 |
| 8287.579 | 2043 | -0.014 |
| 8296.437 | 2045 | -0.083 |
| 8323.367 | 2051 | +0.065 |
| 8372.461 | 2062 | +0.059 |
| 8653.567 | 2125 | -0.042 |

Siehe auch MVS 4, p. 182 (1968).

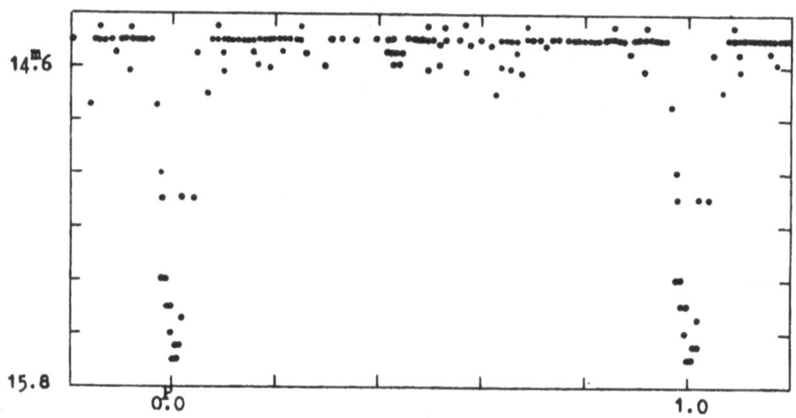


V 422 Cas        Algol-Stern; $14^{\rm m}.9 - 16^{\rm m}.7$

Min. = 243 0261.488 + $3^{\rm d}.706768$·E

| JD | E | B-R | JD | E | B-R |
|---|---|---|---|---|---|
| 243 0261.528 | 0 | $+0^{\rm d}.040$ | 243 8327.464 | 2176 | $+0^{\rm d}.049$ |
| 0313.376 | 14 | -0.007 | 8616.535 | 2254 | -0.008 |
| 0376.319 | 31 | -0.079 | 8653.567 | 2264 | -0.044 |
| 8286.603 | 2165 | -0.038 | 9802.651 | 2574 | -0.058 |

V 475 Cas — Langperiodisch? $15^{m}.3 - 16^{m}.3$

Max. = 242 9116 + $106^{d}.7 \cdot E$

| JD | E | B-R |
|---|---|---|
| 242 9100 | 0 | $-16^{d}$ |
| 9210 | 1 | -13 |
| 9560 | 4 | +17 |
| 243 0290 | 11 | 0 |
| 8295 | 86 | + 3 |
| 8390 | 87 | - 9 |

V 476 Cas — Langperiodisch; $16^{m}.0 - [17^{m}.5$

Max. = 242 9085 + $228^{d} \cdot E$

| JD | E | B-R |
|---|---|---|
| 242 9085 | 0 | $0^{d}$ |
| 9530 | 2 | -11 |
| 243 0250 | 5 | +25 |
| 8450 | 41 | +17 |
| 9800 | 47 | - 1 |

V 424 Cas — Algol-Stern; $15^{m}.1 - 16^{m}.5$

Neben der in der Entdeckungsanzeige vermerkten Schwächung bei 243 8653.57 konnten noch drei weitere um 242 9982.296, 243 8325.450, 9803.443 beobachtet werden. Der Wert $3^{d}.09$ stellt ein Vielfaches der Periode dar.

V 480 Cas — W-UMa-Stern; $14^{m}.5 - 15^{m}.0$

Max. = 243 8315.397 + $0^{d}.342012 \cdot E$

| JD | E | B-R |
|---|---|---|
| 243 8315.417 | 0 | $+0^{d}.020$ |
| 8318.483 | 9 | +0.008 |
| 8322.405 | 20.5 | -0.003 |
| 8322.576 | 21 | -0.003 |
| 8325.364 | 29 | +0.049 |
| 8328.401 | 38 | +0.008 |
| 8331.607 | 47.5 | -0.036 |
| 8410.339 | 277.5 | +0.034 |
| 8640.446 | 950.5 | -0.033 |
| 8640.616 | 951 | -0.034 |
| 9776.643 | 4272.5 | 0.000 |

Die Angaben sind nicht sicher. Zur Berechnung der Elemente wurden die Erhellungen benutzt, da diese besser ausgeprägt waren als die Schwächungen.

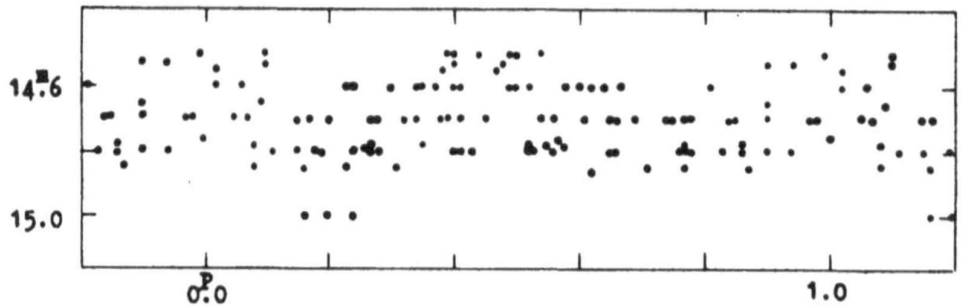


KU Per — Langperiodisch; 16$^m_.$0 – [17$^m_.$5

Max. = 242 9165 + 256$^d_.$5·E

| JD | E | B-R |
|---|---|---|
| 242 9165 | 0 | 0$^d$ |
| 9670 | 2 | -8 |
| 9940 | 3 | +5 |
| 243 0190 | 4 | -1 |
| 0970 | 7 | +9 |
| 8390 | 36 | -9 |
| 8656 | 37 | 0 |

V 350 Per — Langperiodisch; 16$^m_.$2 - 17$^m_.$3

Max. = 242 9455 + 132$^d$·E

| JD | E | B-R |
|---|---|---|
| 242 9450 | 0 | - 5$^d$ |
| 9595 | 1 | + 8 |
| 9840 | 3 | -11 |
| 9990 | 4 | + 7 |
| 243 8305 | 67 | + 6 |
| 8420 | 68 | -11 |

V 481 Cas — Langperiodisch; 15$^m_.$5 – [17$^m_.$5

Aus dem vorliegenden Beobachtungsmaterial konnten für diesen roten Veränderlichen folgende Maxima entnommen werden: 242 9140, 9310, 9850, 243 0010, 0200, 0335, 8040, 8630. Daraus läßt sich auf eine Periode zwischen 140 und 180 Tagen schließen.

V 394 Cas — β-Lyrae-Stern; 15$^m_.$0 - 17$^m_.$0

Min. = 242 9110.470 + 0$^d_.$929271·E

| JD | E | B-R |
|---|---|---|
| 242 9110.500 | 0 | +0ᵈ030 |
| 9164.350 | 58 | -0.018 |
| 243 0253.436 | 1230 | -0.037 |
| 0347.299 | 1331 | -0.031 |
| 0400.276 | 1388 | -0.022 |
| 1028.526 | 2064 | +0.041 |
| 8386.476 | 9982 | +0.023 |
| 9776.643 | 11478 | 0.000 |
| 9792.461 | 11495 | +0.021 |
| 9802.651 | 11506 | -0.011 |

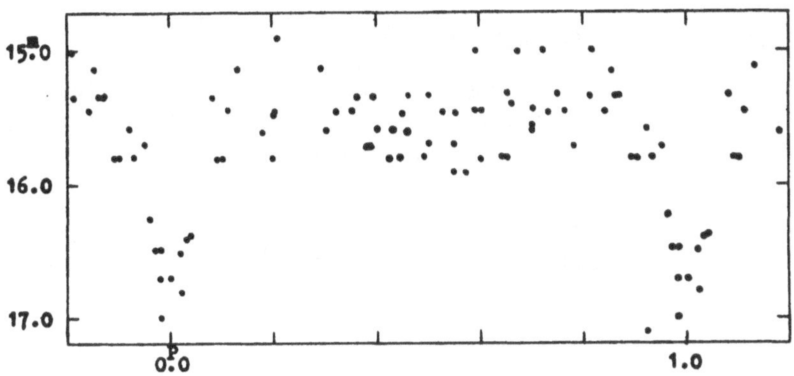

## Feld 136 Tauri

Fortsetzung von VSS 1, p. 323 (1949)

S 9181 Aur — Bedeckungsstern; $13\overset{m}{.}3$ - $13\overset{m}{.}7$

Der Stern ist wegen Randnähe nur auf einem kleinen Teil der Platten zu beobachten. Wenig geschwächt ist er bei 243 1469.520, 7614.525 und 8322.552.

V 416 Tau — Unregelmäßig; $15\overset{m}{.}2$ - $15\overset{m}{.}8$

Die Lichtänderungen verlaufen anscheinend zeitweise in regellosen Wellen von etwa $150^{d}$ Länge. Im hellen Licht ist der Stern bei 242 6350, 6630, 7420, 7780. Er ist rot.

IX Tau — Mira-Stern; $14\overset{m}{.}0$ - [$20^{m}$

Max. = 242 6720 + $273^{d}$.E

| JD | E | B-R |
|---|---|---|
| 242 6720 | 0 | $0^{d}$ |
| 6990 | 1 | -3 |
| 7530 | 3 | -9 |
| 243 7920 | 41 | +7 |
| 8465 | 43 | +6 |
| 9555 | 47 | +4 |

Auf der Blau-Aufnahme des Palomar-Atlasses ist der Veränderliche nicht sichtbar.

LZ Aur — Unregelmäßig; $14\overset{m}{.}1$ - $15\overset{m}{.}4$

Der Lichtwechsel des Veränderlichen verläuft im allgemeinen sehr langsam und stetig in Wellen geringer Amplitude, die bis zu längeren Stillständen von $100^{d}$ bis $200^{d}$ Dauer abflachen können. Rot.

MM Aur — Bedeckungsstern; $15\overset{m}{.}6$ - $16\overset{m}{.}5$:

Min. = 243 8048.335 + $0\overset{d}{.}7746$·E

| JD | E | B-R |
|---|---|---|
| 243 8048.335 | 0 | 0.$^d$000 |
| 8322.552 | 354 | +0.009 |
| 8332.653 | 367 | +0.040 |
| 8415.494 | 474 | -0.001 |
| 8440.287 | 506 | +0.004 |
| 8457.324 | 528 | 0.000 |
| 9536.381 | 1921 | +0.039 |

Es besteht die Möglichkeit, daß die Periode unzutreffend ist. Der Stern ist wegen seiner Schwäche nicht gut beobachtbar.

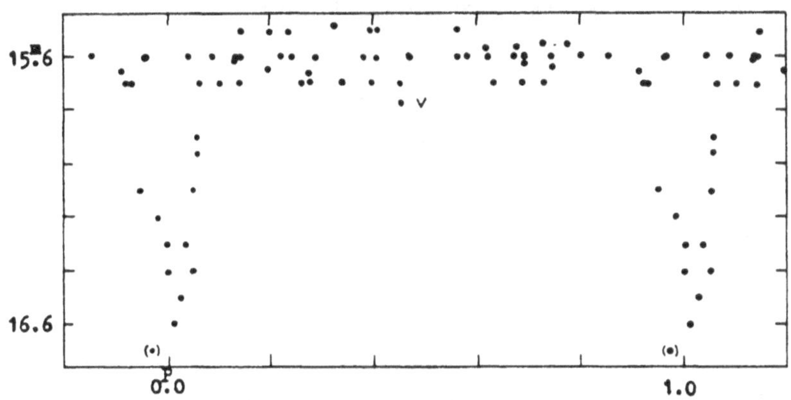


IZ Tau Mira-Stern; 14.$^m$8 - [18$^m$
Max. = 243 7620 + 347$^d$.E

Der Stern ist nur bei

| JD | E | B-R |
|---|---|---|
| 243 7620 | 0 | 0$^d$ |
| 7960 | 1 | -7 |
| 8320 | 2 | +6 |

sichtbar (je 1 bis 2 Einzelbeobachtungen). In den Jahren zuvor bis zum Ende der Beobachtungszeit fallen die Maxima stets in die Sommerlücke. Stark rot.

V 422 Tau Unregelmäßig; 15.$^m$5 - 16.$^m$1:

Die Reihenaufnahmen zeigen eine regellose Streuung von etwa 0.3 mag im schwachen Licht. Einzig bei 243 8332 erreicht der Stern die angegebene Grenzhelligkeit. Rot.

MQ Aur Unregelmäßig; $13^m.3 - 14^m.7$

Die Helligkeit schwankt um geringe Beträge im schwachen Licht. Zwei Aufnahmen, 243 8322 und 8332, zeigen den Stern hell. Ungünstig wirkte die randnahe Lage, wodurch ein Teil der Platten nicht auswertbar war. Rot.

MS Aur Unregelmäßig; $13^m.1 - 13^m.6$

Eine Regelmäßigkeit der Helligkeitsänderungen, die sehr gering sind und oft zu Stillständen abflachen, konnte nicht festgestellt werden. Nachteilig war die Randnähe des Sterns. Rot.

LR Aur Algol-Stern; $14^m.9$ -[$16^m$

Min. = 243 8441.27 + $19^d.7803$:·E

| JD | E | B-R |
|---|---|---|
| 242 6355.26 | -611 | $-0^d.25$ |
| 6988.50 | 579 | +0.02 |
| 7483.29 | 554 | +0.31 |
| 243 8322.55 | - 6 | -0.04 |
| 8441.27 | 0 | 0.00 |

Obwohl die Periode keinen Widerspruch bei Erhellungen findet, ist es dennoch fraglich, ob sie reell ist, zumal nur die Schwächungen bei E = 0 und E = -6 als einwandfrei sicher erkannt wurden.

LN Gem Unregelmäßig; $14^m.8 - 15^m.6$

Unregelmäßige Wellen geringer Amplitude mit raschen Änderungen und ohne längere Stillstände charakterisieren den Lichtwechsel dieses Sterns. Stark rot.

LQ Gem Bedeckungsstern? $13^m.2 - 13^m.8$

Sehr wahrscheinlich ist der Stern ein Bedeckungsveränderlicher, der bei 242 7062.348, 243 8332.653, 8440.266, 8739.460 und 9878.287 wenig geschwächt ist.

MO Aur Bedeckungsstern; $13^m.1 - 14^m.7$

Das einzige Minimum, welches auf den zur Verfügung stehenden 35 Platten gefunden wurde, liegt bei 243 8397.267. Die Randnähe des Sterns verhinderte die Auswertung eines großen Teils des Aufnahmematerials.

<u>MP Aur</u> Algol-Stern; $14^m_.8 - 16^m_.2$

Min. = 243 1446.37 + $2^d_.06071 \cdot E$

D = $0^p_.2$ d = $0^p_.0$

| JD | | E | B-R |
|---|---|---|---|
| 242 | 6735.38 1) | -2286 | $-0^d_.21$ |
| 243 | 1446.45 | 0 | +0.08 |
| | 8413.52 | +3381 | -0.11 |
| | 8440.44 2) | 3394 | +0.02 |
| | 8442.43 | 3395 | -0.05 |
| | 8465.29 | 3406 | +0.14 |
| | 8467.34 | 3407 | +0.13 |
| | 8471.34 2) | 3409 | +0.01 |
| | 9557.30 2) | +3936 | -0.02 |

1) Unsichere Beobachtung, gefunden auf Platten des 17-cm-Astrographen.

2) Tiefe Schwächungen.

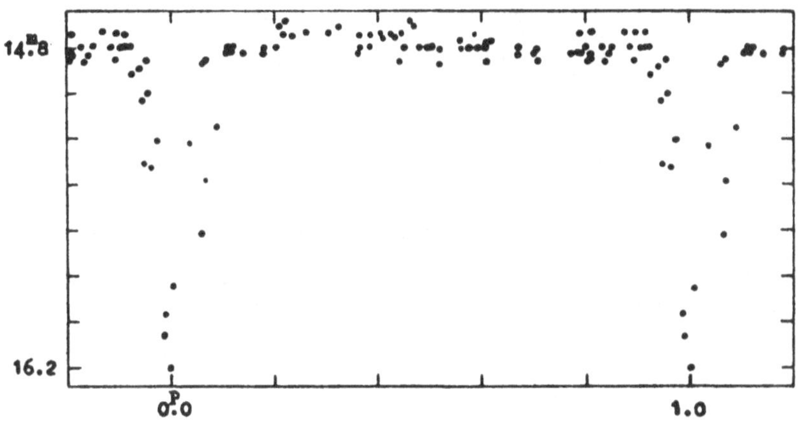


<u>MR Aur</u> W-Ursae-Maioris-Stern; $15^m_.1 - 15^m_.5$

Min. = 243 8414.466 + $0^d_.6903 \cdot E$

| JD | | E | B-R |
|---|---|---|---|
| 243 | 8414.466 | 0 | $0^d_.000$ |
| | 8415.494 | 1.5 | -0.007 |
| | 8439.309 | 36 | -0.008 |
| | 8440.351 | 37.5 | -0.001 |
| | 8457.282 | 62 | +0.017 |

Die Beobachtungsgenauigkeit leidet durch die kleine Amplitude des Sterns. Die Elemente sind aus diesem Grund unsicher. Schwächungen wurden außerdem gefunden bei 243 1443.405, 1446.612 und 1448.682.

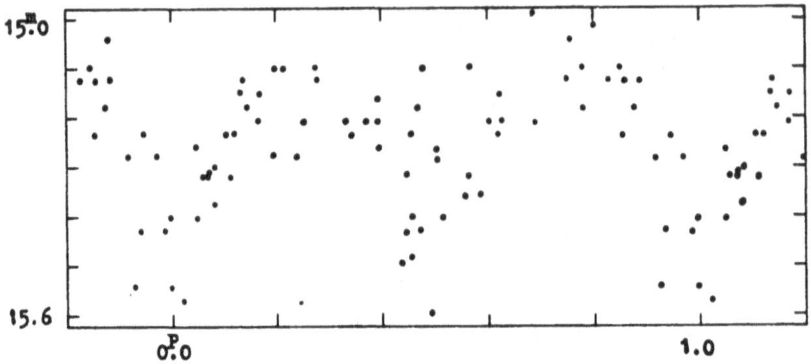


V 423 Tau — Bedeckungsstern; $15^m_.7 - 16^m_.5$:

Min. = 243 8397.267 + $0^d_.68242 \cdot E$

| JD | E | B-R |
|---|---|---|
| 243 8397.267 | 0 | $0^d_.000$ |
| 8440.266 | 63 | +0.007 |
| 8442.309 | 66 | +0.002 |
| 8457.324 | 88 | +0.004 |
| 9583.313 | 1738 | 0.000 |

Ob die Elemente reell sind, ist noch ungewiß. Die Beobachtungen auf den Reihenaufnahmen können jedoch leidlich mit ihnen dargestellt werden.

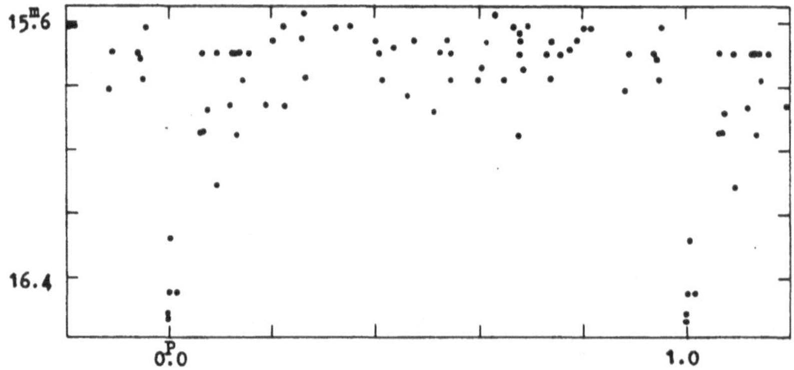


V 424 Tau — Algol-Stern; $15^m_.0 - 15^m_.8$

Min. = 243 1448.63 + $2^d_.33368 \cdot E$

D = $0^p_.2$ d = $0^p_.0$

| JD | E | B-R | JD | E | B-R |
|---|---|---|---|---|---|
| 243 1448.57 | 0 | $-0^d_.06$ | 243 8414.55 | 2985 | $-0^d_.11$ |
| 1469.58 | 9 | -0.05 | 8440.33 | 2996 | 0.00 |
| 1530.41 | 35 | +0.10 | 8708.60 | 3111 | -0.11 |
| 8048.33 | 2828 | +0.05 | | | |

Auch die folgenden, nicht sicher erkannten Schwächungen von Platten des 17-cm-Astrographen passen gut zu den Elementen:
242 6417.32, 6650.55, 7369.45, 7474.36.

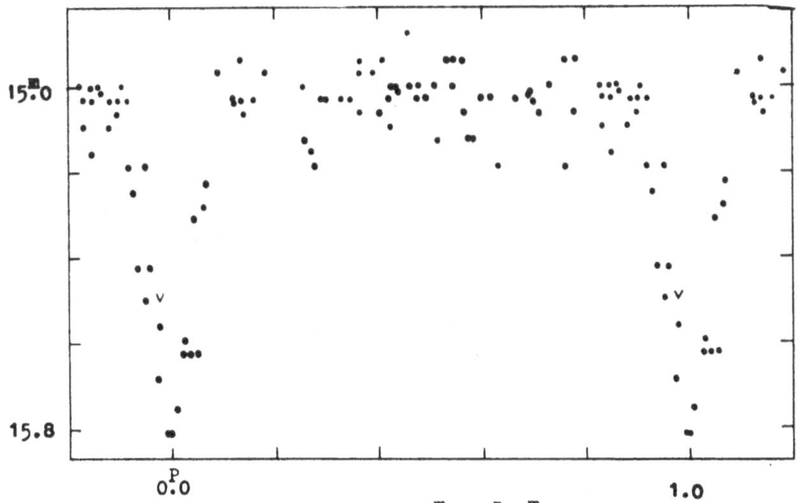


MT Aur — Algol-Stern; $14^m.8$ – [$16^m$

Min. = 242 6352.370 + $1^d.191266 \cdot E$

D = $0^p.15$  d = $0^p.02$

| JD | E | B-R |
|---|---|---|
| 242 6352.342 | 0 | $-0^d.028$ |
| 6627.525 | 231 | -0.027 |
| 6988.505 | 534 | -0.001 |
| 7062.348 | 596 | -0.016 |
| 7312.564 | 806 | +0.034 |
| 7692.594 | 1125 | +0.050 |
| 7890.324 | 1291 | +0.030 |
| 243 1448.569 | 4278 | -0.037 |
| 6486.524 | 8507 | +0.054 |
| 8397.267 | 10111 | +0.007 |
| 8441.340 | 10148 | +0.003 |
| 8466.375 | 10169 | +0.021 |
| 8472.299 | 10174 | -0.011 |
| 9775.589 | 11268 | +0.034 |
| 244 0148.454 | 11581 | +0.033 |

Der größte Teil obiger Schwächungen stammt von Aufnahmen des 17-cm-Astrographen. Sie sind wegen ihrer ungenauen Helligkeitsbestimmung, bedingt durch die geringere Reichweite der Platten, in der Lichtkurve nicht enthalten.

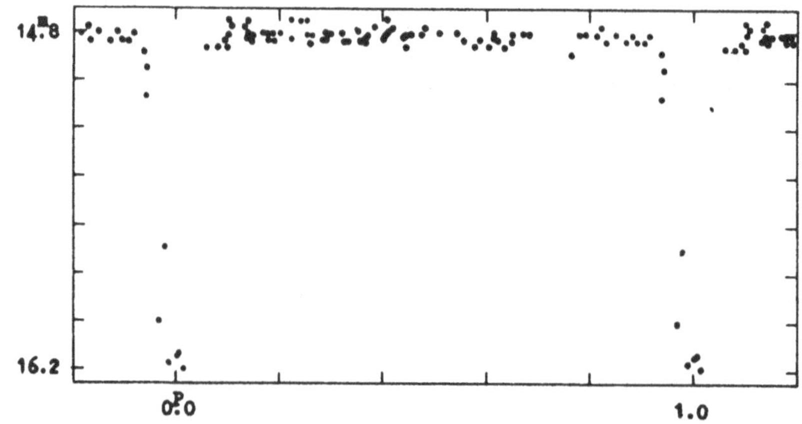


MU Aur Algol-Stern; $13^m_.2 - 13^m_.6$

Min. = 242 6351.35 + $2^d_.20228 \cdot E$

D = $0^p_.2$ d = $0^p_.0$

| | JD | E | B-R |
|---|---|---|---|
| 242 | 6351.25 | 0 | $-0^d_.10$ |
| | 6417.32 | 30 | -0.10 |
| | 6624.48 | 124 | +0.05 |
| | 6743.36 | 178 | 0.00 |
| | 7483.29 | 514 | -0.03 |
| | 7745.43 | 633 | +0.04 |
| 243 | 1449.66 | 2315 | +0.03 |
| | 1469.55 | 2324 | +0.10 |
| | 8413.26 | 5477 | +0.02 |
| | 8415.47 | 5478 | +0.03 |
| | 8457.28 | 5497 | 0.00 |
| | 9536.38 | 5987 | -0.02 |
| 244 | 0148.59 | 6265 | -0.04 |

Die Beobachtungen von E = 0 bis E = 633 (17-cm-Astrograph) sind in der Lichtkurve nicht enthalten.

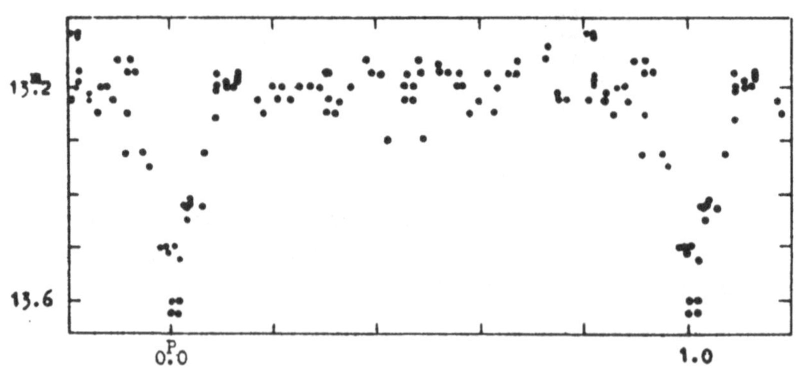

**MV Aur** RR-Lyrae-Stern; $13^m.8 - 14^m.6$

Max. = 242 6687.444 + $0^d.55359 \cdot E$

t(max) - t(min) = $0^p.15$ Typus RRab

| JD | E | B-R | JD | E | B-R |
|---|---|---|---|---|---|
| 242 6687.444 | 0 | $0^d.000$ | 243 7933.617 | 20315 | $-0^d.008$ |
| 6718.448 | 56 | +0.003 | 8415.253 | 21185 | +0.005 |
| 6743.358 | 101 | +0.001 | 8441.280 | 21232 | +0.013 |
| 7345.615 | 1189 | -0.047 | 8442.365 | 21234 | -0.009 |
| 7359.463 | 1214 | -0.039 | 8457.324 | 21261 | +0.003 |
| 243 1443.405 | 8591 | +0.069 | 8472.299 | 21288 | +0.031 |
| 1446.612 | 8597 | -0.045 | 8708.608 | 21715 | -0.043 |
| 1470.487 | 8640 | +0.025 | 9557.303 | 23248 | -0.001 |
| 6114.560 | 17029 | +0.032 | 9583.313 | 23295 | -0.010 |
| 6486.524 | 17701 | -0.017 | 244 0148.550 | 24316 | +0.012 |

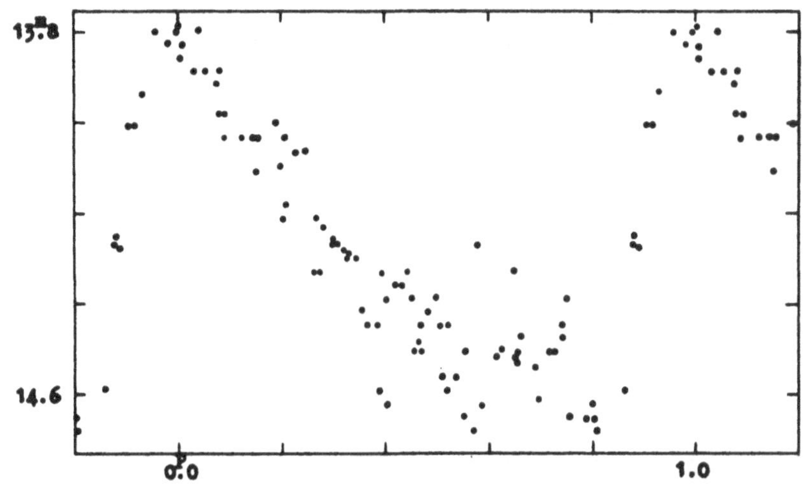


**LO Gem** Bedeckungsstern; $11^m.5 - 12^m$

Der Stern ist bei 242 7369.45, 7415.33, 7424.33, 243 1443.40, 1462.42, 1470.49, 8322.55, 8397.27, 8472.30 und 9583.31 geringfügig geschwächt. Eine Periode konnte nicht ermittelt werden.

**LP Gem** Algol-Stern; $12^m.5 - 15^m.0$

Min. = 242 7046.66 + $6^d.63126 \cdot E$

D = $0^p.10$ d = $0^p.0$

| JD | | E | B-R |
|---|---|---|---|
| 242 7046.53 | | 0 | $-0^{d}.13$ |
| 9639.60 | | 391 | +0.12 |
| 243 0375.43 | | 502 | -0.12 |
| 0793.39 | +) | 565 | +0.07 |
| 0813.38 | | 568 | +0.16 |
| 1443.40 | | 663 | +0.22 |
| 1449.69 | | 664 | -0.13 |
| 1469.58 | | 667 | -0.13 |
| 1741.64 | +) | 708 | +0.05 |
| 8439.26 | | 1718 | +0.10 |
| 8472.30 | +) | 1723 | -0.02 |
| 9533.34 | +) | 1883 | +0.02 |
| 9878.29 | | 1935 | +0.14 |

+) tiefe Schwächungen

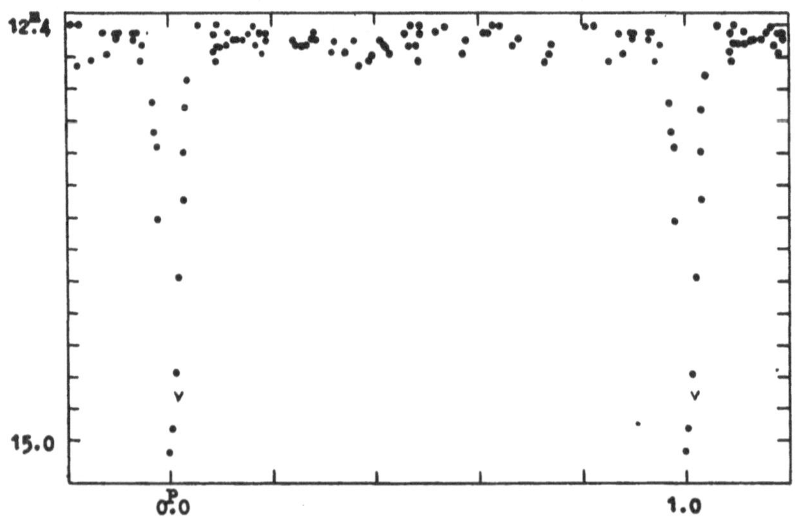


S 10485 Tau Unbekannt; $11^{m}.8$ - $12^{m}.2$

Die Helligkeitsschwankungen des Sterns sind so gering, daß eine Beurteilung über die Art des Lichtwechsels nicht möglich war.

S 10486 Tau Langsam veränderlich; $14^{m}.9$ - $15^{m}.2$

Die 43 Platten, auf denen der Stern schätzbar war, reichten nicht aus, um ein befriedigendes Resultat über seinen Lichtwechsel erzielen zu können. Von 243 1443 bis 1530 (12 Einzelbeobachtungen) und 8322 bis 9583 (14 Einzelbeobachtungen) ist das Objekt konstant im schwachen Licht. Auf den Reihenaufnahmen des Jahres

1968 (8 Beobachtungen bei 244 0148 und 0150) wird es etwas heller abgebildet und bei 0204 und 0206 (9 Beobachtungen) ist es wieder schwach.

S 10487 Aur    Bedeckungsstern; $12^{m}.3 - 12^{m}.8$

Bei 243 1469.580, 8413.415, 244 0204.317 und 0206.521 ist der Stern geschwächt. Auf den Platten des 17-cm-Astrographen wurden keine sicheren Minima bemerkt, was höchstwahrscheinlich auf die längere Belichtungszeit dieser Platten zurückzuführen ist, denn die Dauer der Minima ist nur kurz.

S 10488 Aur    Rasch veränderlich; $14^{m}.9 - 15^{m}.2$

Die Helligkeitsänderungen erfolgen zumeist schnell und unregelmäßig. Sie haben eine sehr geringfügige Amplitude.

S 10489 Tau    Bedeckungsstern? $12^{m}.6 - 13^{m}.2$

Bei der Durchsicht aller vorhandenen Platten wurde lediglich eine Schwächung bei 244 0206.521 gefunden, abgesehen von einigen Schwankungen kleiner als 0.2 mag.

S 10490 Aur    Algol-Stern; $12^{m}.7 - 14^{m}.2$
Min. = 243 8397.32 + $2^{d}.60686 \cdot E$

| JD | E | B-R |
|---|---|---|
| 243 8397.27 | 0 | $-0^{d}.05$ |
| 9536.38 | 437 | -0.14 |
| 9557.30 | 445 | -0.07 |
| 244 0206.48 | 694 | 0.00 |

Von den obigen Minima erreicht nur dasjenige bei E = 694 seine schwächste Helligkeit. Es handelt sich dabei um Reihenaufnahmen, welche in der Lichtkurve als x gekennzeichnet sind. - Lichtkurve Seite 634.

V 421 Tau    U-Geminorum-Stern? $14^{m}.5$ -[$20^{m}$

Von 244 0150.43 bis .64 ist der Veränderliche hell. Auf den sonstigen 43 Platten ist er, wie auch 2 Tage zuvor (0148.45 bis .59), nicht sichtbar. U-Gem-Lichtwechsel ist möglich.

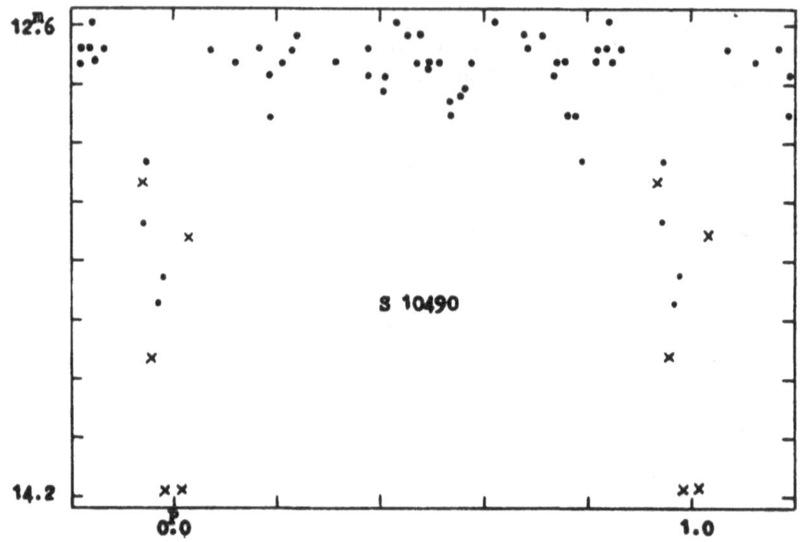


S 10492 Tau      Langsam veränderlich; $12^m.7 - 13^m.1$

Die Helligkeit des Sterns schwankt sehr geringfügig. Der Bildstruktur nach handelt es sich um einen sehr roten Stern.

S 10493 Tau      Langsam veränderlich; $14^m.5 - 14^m.8$

Der geringe Lichtwechsel des Sterns verläuft, den etwa 50 Beobachtungen nach zu urteilen, anscheinend langsam und unregelmäßig.

S 10494 Aur      Langsam veränderlich; $13^m.0 - 13^m.6$

Die Schwankungen des Sterns sind gering und verlaufen unregelmässig. Auf den Platten des 17-cm-Astrographen wird er bedeutend heller abgebildet als auf dem sonstigen Plattenmaterial.

S 10495 Tau      Konstant? $14^m.3$

Der Stern zeigt keinen über den Streubereich der Platten hinausgehenden Lichtwechsel.

S 10496 Tau      Konstant? $14^m.7 - 15^m.0$

Es ist sehr wahrscheinlich, daß der Stern konstant ist. Die geringfügigen Schwankungen dürften auf photographischen Effekten beruhen.

S 10497 Aur  Unbekannt; $15^m.3 - 15^m.6$

Geringe Helligkeitsänderungen und die Lichtschwäche des Sterns wirkten nachteilig bei der Beobachtung. Es konnte nicht sicher entschieden werden, ob eine Veränderlichkeit vorliegt.

S 10498 Aur  Unbekannt; $14^m.4 - 14^m.7$

Die Amplitude des Sterns ist, falls überhaupt reell, derart gering, daß eine sichere Beurteilung nicht gelang.

S 10499 Aur  Konstant? $13^m.5 - 13^m.8$

Von dem Stern wurden zwar einige rasche Helligkeitsänderungen bemerkt, sie sind jedoch so gering, daß sie wahrscheinlich durch photographische Effekte verursacht werden.

S 10500 Gem  Bedeckungsstern? $15^m.2 - 15^m.5$

Der Stern hat eine kleine Amplitude und ist lichtschwach. Diese ungünstigen Faktoren verhinderten eine Periodenbestimmung, und es läßt sich nur aussagen, daß die Helligkeitsänderungen rasch verlaufen.

S 10501 Gem  Raschwechselnd; $14^m.9 - 15^m.2$

Die Helligkeitsänderungen des Sterns erfolgen rasch. Sie sind allerdings zumeist so gering, daß es nicht möglich war, eine Periode festzustellen.

S 10502 Gem  Langsam veränderlich; $14^m.1 - 14^m.5$

Innerhalb der Nachtreihen ändert der Stern seine Helligkeit nicht. Die Beobachtungen ergeben flache Kurvenstücke, welche wahrscheinlich unperiodisch verlaufen.

LS Gem  Z-Aquarii-Stern? $14^m.6 - 16^m$:
Max. = 243 8048 + $346^d$.E

| JD | E | B-R | JD | E | B-R |
|---|---|---|---|---|---|
| 243 8048 | 0 | $0^d$ | 243 8730 | 2 | $-10^d$ |
| 8397 | 1 | +3 | 244 0149 | 6 | +25 |

Die obigen Erhellungen sind Einzelbeobachtungen. Außerdem ist das Beobachtungsmaterial unzureichend. Durch diese Umstände ist es sehr fraglich, ob die Elemente reell sind.

## Feld β Delphini

Fortsetzung von VSS 4, p. 173 (1957)

S 10060 Del  Raschwechselnd; $15^m_.8 - 16^m_.3$

Die wenigen Beobachtungen deuten auf rasche Änderungen der Helligkeit hin. Infolge Lichtschwäche, Randnähe und kleiner Amplitude war eine nähere Charakterisierung des Sternes nicht möglich.

S 9682 Sge  Langsam veränderlich (unregelmäßig); $14^m_.5 - 15^m_.8$

Das Plattenmaterial von diesem Stern ist wenig umfangreich, dazu kommt noch die Randnähe auf den Astrographenplatten. Der Stern weist mehrere Stillstände von $50^d$ bis $80^d$ auf. Erhellungen zeichnen sich um 243 0600, 3180, 6070, 8650 ab.

GZ Del  RRab-Stern; $15^m_.8$ -[$17^m_.0$

Max. = 243 8286.327 + $1^d_.005645$/n·E

| JD | E | B-R |
|---|---|---|
| 243 8286.327: | 0 | $0^d_.000$ |
| 8287.396 | 1 | +0.063 |
| 8288.316 | 2 | -0.022 |
| 8289.318 | 3 | -0.026 |
| 8290.314 | 4 | -0.036 |
| 8650.358 | 362 | -0.013 |
| 8652.396 | 364 | +0.014 |

Lichtschwäche und Randnähe erschwerten die Bearbeitung des Veränderlichen.

S 9684 Del  Kurzperiodisch? $14^m_.0 - 14^m_.5$

Randnähe, kleine Amplitude und zwei störende Nachbarsterne ließen eine genaue Bestimmung der Art und Lichtwechselelemente nicht zu.

S 8285 Del  Langsam veränderlich (unregelmäßig); $15^m_.3 - 16^m_.5$

Etwa vom Zeitpunkt 243 8280 ist aus den Beobachtungen des rötlichen Sternes ein Helligkeitsanstieg bis zu einem Maximum bei 243 8310 zu erkennen. Auf den übrigen Platten konnten infolge Randlage und Lichtschwäche keine weiteren Beobachtungen gewonnen werden.

S 8286 Del Langsam veränderlich (halbregelmäßig); $15^m.0 - 16^m.0$

Der Lichtwechsel des rötlich gefärbten Sternes verläuft in langgestreckten, flachen Wellen möglicherweise periodisch. Die Periode könnte in der Größenordnung von $100^d$ liegen. Erhellungen wurden um 242 5810, 6155, 6650, 7695, 243 6460, 6845, 7930, 8300, 8650 beobachtet.

GH Del RR-Lyrae-Stern; $14^m.9 - 16^m.0$

Dem vorliegenden Plattenmaterial konnten nur die folgenden teilweise recht unsicheren Maxima entnommen werden: 242 8009.51, 243 0607.47, 0614.54, 5277.46, 8290.44, 8296.47, 8311.44, 8318.19:.

HH Del Langsam veränderlich (unregelmäßig); $13^m.0 - 14^m.5$

Der rote Veränderliche zeigt hauptsächlich langwelligen Lichtwechsel. Ausgeprägtere Schwächungen wurden um 243 6485, 8300 beobachtet.

HI Del RR-Lyrae-Stern; $16^m.0 - [17^m.0$

Wegen großer Lichtschwäche sind die bei 242 9846.551, 243 0613.344, 0614.373, 0619.406, 8287.396, 8289.318, 8290.314, 8296.309 und 8324.328 gefundenen Erhellungen oftmals sehr fraglich. Die Periode könnte in der Größenordnung von $0^d.5$ liegen.

S 8288 Del Langsam veränderlich (unregelmäßig); $12^m.0 - 12^m.5$

Es treten gelegentlich Erhellungen von etwa $20^d$ bis $30^d$ Dauer auf, die manchmal durch Stillstände unterbrochen sind.

S 8289 Del Langsam veränderlich (unregelmäßig); $14^m.5 - 16^m.0$

Neben Zeiträumen nahezu konstanter Helligkeit wurden flache Wellen beobachtet, die auf eine bestimmte Periode nicht schließen lassen. Erhellungen konnten zu folgenden Zeitpunkten festgestellt werden: 242 6220, 6620, 243 8311, 9385.

S 8290 Del    Langsam veränderlich (unregelmäßig); $15^m.0 - 15^m.8$

Der Lichtwechsel ist gekennzeichnet durch flache Wellen. Der Helligkeitsabfall scheint jeweils rascher vonstatten zu gehen (etwa $10^d$) als der Helligkeitsanstieg (etwa $25^d$). Der Stern war um 242 5850, 7660, 243 8315 hell.

S 10062 Del    Langsam veränderlich (unregelmäßig); $14^m.0 - 15^m.5$

Dieser rote Stern konnte nur auf Platten des Astrographen 400/1600 mm beobachtet werden. Dabei zeigte sich lediglich, daß der Lichtwechsel langsam verläuft.

HK Del    Langsam veränderlich; $15^m.5 - [17^m.5$

Die Beobachtungen des auf dem vorhandenen Plattenmaterial lichtschwachen Sternes weisen auf langsame Änderung des Lichtwechsels hin. Eine Erhellung hob sich um 243 9380 ab.

HL Del    Bedeckungsstern; $16^m.0 - [17^m.0$

Infolge Lichtschwäche des Sternes war es nicht möglich, eindeutige Minima zu beobachten.

GI Del    Unregelmäßig; $15^m.8 - [17^m.0$

Die vorhandenen Aufnahmen lassen im wesentlichen nur einen etwa fünf Tage dauernden Helligkeitsanstieg und zwei Helligkeitsabstiege im Verlauf von nahezu 15 Tagen sowie einige dazwischenliegende, verschieden lange Abschnitte konstanter Helligkeit erkennen.

S 8292 Del    Kurzperiodisch; $15^m.1 - 15^m.6$

Folgende nicht immer deutlich ausgeprägte Schwächungen wurden beobachtet: 242 9845.45, 9846.42, 243 0608.47, 0613.55, 0614.48, 0619.41, 8288.30, 8290.46, 8318.26.

HM Del RR-Lyrae-Stern; $15^m.6$ - $16^m.7$

In Randnähe des Plattenmaterials wurden folgende, mit der Periode P = $0^d.344501$ darstellbare Maxima gefunden:

| JD | E | B-R |
|---|---|---|
| 243 0608.344 | 0 | $-0^d.010$ |
| 0613.513 | 15 | -0.008 |
| 0619.406 | 32 | +0.028 |
| 7169.388 | 19045 | +0.012 |
| 8288.316 | 22293 | +0.001 |

HV Del RRab-Stern; $15^m.2$ - $16^m.2$

Max. = 242 9845.505 + $0^d.721265 \cdot E$

| JD | E | B-R |
|---|---|---|
| 242 9845.525 | 0 | $+0^d.020$ |
| 243 0606.424 | 1055 | -0.016 |
| 0614.373 | 1066 | -0.001 |
| 0619.406 | 1073 | -0.016 |
| 7145.403 | 10121 | -0.025 |

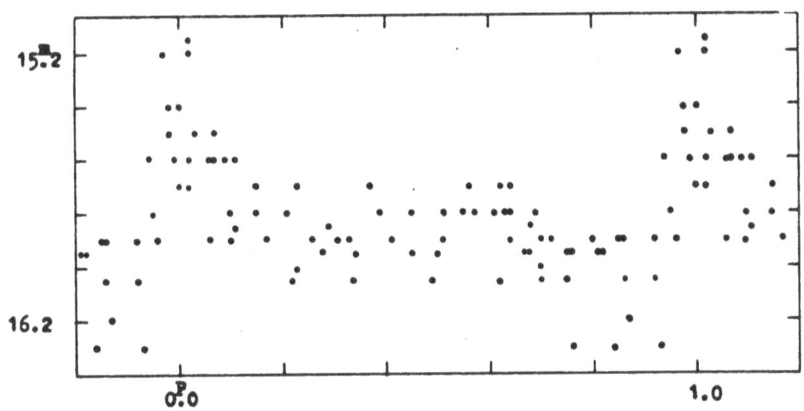


GK Del RRab-Stern; $15^m.8$ - $16^m.7$

Max. = 242 9846.31 + $0^d.504555 \cdot E$

t(max) - t(min) ≈ $0^p.10$

| JD | E | B-R | JD | E | B-R |
|---|---|---|---|---|---|
| 242 9846.31 | 0 | $0^d.00$ | 243 8311.22 | 16777 | $-0^d.01$ |
| 243 0593.57 | 1481 | +0.01 | 8318.27 | 16791 | -0.02 |
| 0613.25 | 1520 | +0.02 | 8323.34 | 16801 | 0.00 |
| 0614.27 | 1522 | +0.03 | 8652.34 | 17453 | +0.03 |

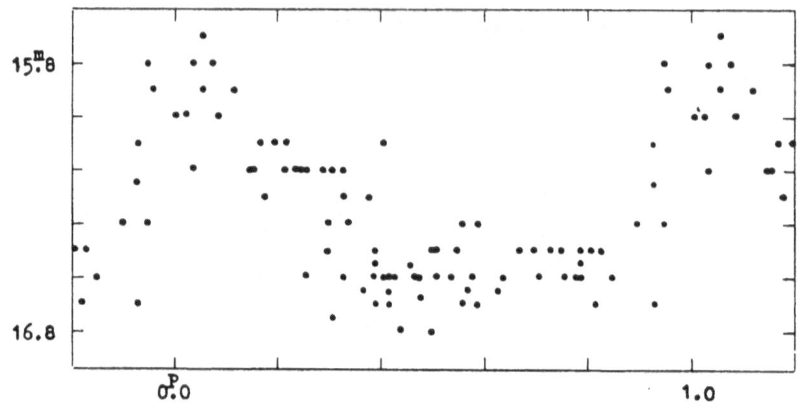


HN Del    Algol-Stern; 14.5 - 17.0

Der Stern war bei 242 6217.472, 9789.512, 9846.551, 243 0593.519, 0613.429, 8296.309, 9023.325 lichtschwach. Den Perioden, die sich aus diesen Minima berechneten, widersprechen Beobachtungen im Normallicht.

GL Del    RR-Lyrae-Stern; $16^m.0$ - [$17^m.5$

Max. = 243 0606.424 + $0^d.480533$·E

| JD | E | B-R |
|---|---|---|
| 243 0606.424 | 0 | $0^d.000$ |
| 0608.344 | 4 | -0.002 |
| 8311.314 | 16034 | +0.024 |
| 8323.285 | 16059 | -0.018 |

Lichtschwäche und Randnähe verhinderten eine sichere Periodenbestimmung.

S 8295 Del    Langsam veränderlich (halbregelmäßig); $11^m.5$ - $12^m.4$

Der rote Veränderliche zeigt flachen langgestreckten Lichtkurvenverlauf. Erhellungen wurden um 242 7610, 243 5370, 6140, 7080, 7900, 8289 beobachtet. Die mittlere Zyklenlänge könnte in der Größenordnung von P = $130^d$ liegen.

HO Del    U-Geminorum-Stern; $13^m.6$ - [$17^m.2$

Die gefundenen Erhellungen lassen sich durch die Formel

Max. = 242 6206.4 + $212^d.4$/n·E

darstellen.

| JD | E | B-R |
|---|---|---|
| 242 6209.4 | 0 | +3$^d$ |
| 7693.4 | 7 | +0.2 |
| 243 5331.4 | 43 | -8.2 |
| 7888.6 | 55 | +0.2 |
| 8318.4 | 57 | +5.2 |
| 9378.5 | 62 | +3.3 |

HW Del — Langsam veränderlich (unregelmäßig); $15^m.5 - 16^m.5$

Der Lichtwechsel dieses rötlichen Veränderlichen erfolgt in langen abgeflachten Wellen. Merkliche Erhellungen waren um 243 3150 und 8660 zu erkennen.

GM Del — RRab-Stern; $16^m.0 - [17^m.0$

Max. = 242 9790.444 + $0^d.640565 \cdot E$

t(max) - t(min) $\approx 0^p.10$

| JD | E | B-R |
|---|---|---|
| 242 9790.454 | 0 | +0$^d$.010 |
| 9845.553 | 86 | +0.020 |
| 243 0608.428 | 1277 | -0.018 |
| 0613.555 | 1285 | -0.015 |
| 8289.427 | 13268 | -0.033 |
| 8318.311 | 13313 | +0.025 |
| 9380.364 | 14971 | +0.021 |
| 9385.447 | 14979 | -0.020 |

Die Lichtschwäche beeinträchtigte die Bearbeitung des Veränder-

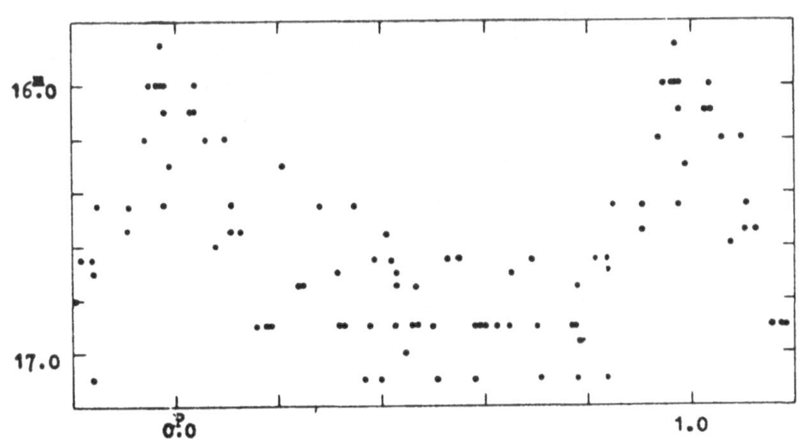

<u>GN Del</u>

RRab-Stern; $15^m_.5$ -[$17^m_.0$

Max. = 242 9844.55 + $0^d_.528180 \cdot E$

t(max) - t(min) ≈ $0^p_.12$

| JD | E | B-R |
|---|---|---|
| 242 9844.50 | 0 | $-0^d_.05$ |
| 9845.60 | 2 | -0.01 |
| 243 0593.51 | 1418 | 0.00 |
| 0608.28 | 1446 | -0.02 |
| 0613.59 | 1456 | +0.01 |
| 5332.40: | 10390 | +0.06 |
| 5371.45: | 10464 | +0.02 |
| 6137.28 | 11914 | -0.01 |
| 8284.39 | 15979 | +0.05 |
| 8311.24 | 16030 | -0.04 |
| 8650.34: | 16672 | -0.03 |
| 8670.39: | 16710 | -0.05 |

Die Beobachtungen können bis auf einige Ausnahmen mit den oben angegebenen Lichtwechselelementen in einer Lichtkurve dargestellt werden. Die sich in die Lichtkurve nicht sehr gut einfügenden Beobachtungen lassen sich möglicherweise durch Unregelmäßigkeiten in den Amplituden und in der Periodenlänge erklären, vielleicht auch durch die Lichtschwäche.

<u>GO Del</u>

RRab-Stern; $16^m_.1$ -[$17^m_.2$

Max. = 242 9790.476 + $0^d_.546027 \cdot E$

t(max) - t(min) ≈ $0^p_.15$

| JD | E | B-R |
|---|---|---|
| 242 9790.484: | 0 | $+0^d_.008$ |
| 9844.526: | 99 | -0.007 |
| 243 0608.428: | 1498 | +0.004 |
| 0613.344 | 1507 | +0.005 |
| 0614.415 | 1509 | -0.016 |
| 8288.316 | 15563 | +0.022 |
| 8290.441: | 15567 | -0.037 |
| 8318.311 | 15618 | -0.015 |
| 8323.266: | 15627 | +0.026 |

Eine ähnlich aussehende Lichtkurve ergibt sich auch aus den Elementen

Max. = 242 9790.484 + $0^d_.353164 \cdot E$

(MVS <u>4</u>, p. 181). Die oben angegebene Periode dürfte aber vermutlich die richtige sein, da RRab-Typen mit Perioden um $0^d_.5$ wesentlich häufiger sind.

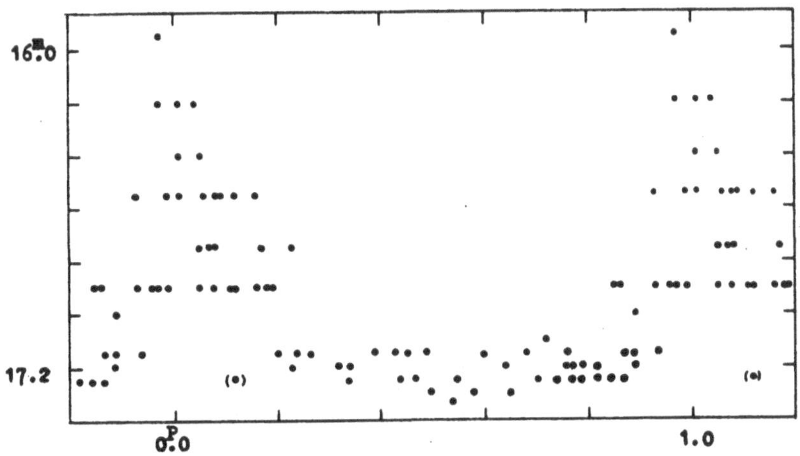


RRab-Stern; $16^m_.2 - [17^m_.3$

Max. = 242 9844.472 + $0^d_.476234 \cdot E$

t(max) - t(min) ≈ $0^p_.10$

| JD | E | B-R |
|---|---|---|
| 242 9844.512 | 0 | +$0^d_.040$ |
| 9846.412 | 4 | +0.035 |
| 243 0593.563 | 1573 | -0.025 |
| 0606.424 | 1600 | -0.022 |
| 0608.410 | 1604 | +0.059 |
| 0613.530 | 1615 | -0.060 |
| 0614.515 | 1617 | -0.027 |
| 7169.390 | 15381 | -0.037 |
| 8290.440 | 17735 | -0.042 |
| 8652.370 | 18495 | -0.050 |

Die Lichtschwäche erschwerte die Bearbeitung des Veränderlichen.

HQ Del Langsam veränderlich (unregelmäßig); $16^m_.5 - [18^m_.0$

Nur auf etwa 55 zeitlich eng benachbarten Astrographenplatten konnte der rot gefärbte lichtschwache Stern in Randnähe beobachtet werden. Neben dem in der Entdeckungsanzeige um 243 8652 gefundenen Maximum konnte ein weiteres um 243 0610 festgestellt werden.

HX Del Langsam veränderlich (unregelmäßig); $16^m_.0 - [17^m_.0$

Der Lichtwechsel ist durch langgestreckte flache Wellen charakterisiert. Maxima wurden bei 242 5820, 5920, 6545, 243 0605, 9340 beobachtet.

HY Del — Langsam veränderlich (halbregelmäßig); $13^m.0 - 13^m.7$

Den Beobachtungen konnten die folgenden Erhellungen entnommen werden: 242 5830, 7650, 243 6140, 6410, 7120, 7960, 8320, die sich durch eine Periode von etwa 230/n Tagen darstellen lassen.

GQ Del — RRab-Stern; $15^m.6$ -[$17^m.0$

Max. = 242 9846.398 + $0^d.568621 \cdot E$

t(max) - t(min) = $0^P.10$

| JD | E | B-R |
|---|---|---|
| 242 9846.398 | 0 | $0^d.000$ |
| 243 0608.345 | 1340 | -0.005 |
| 0613.429 | 1349 | -0.039 |
| 8286.413 | 14843 | -0.027 |
| 8289.318 | 14848 | +0.035 |
| 8290.420 | 14850 | 0.000 |
| 8318.270 | 14899 | -0.012 |

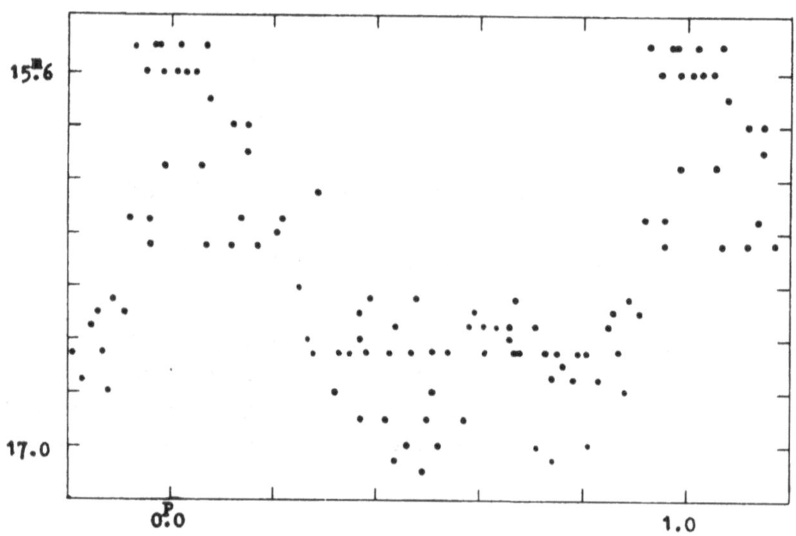

S 10068 Del    Langsam veränderlich; $12^m_.5 - 13^m_.0$

Das Beobachtungsmaterial läßt eine genauere Kennzeichnung des Lichtwechsels nicht zu. Es konnte lediglich festgestellt werden, daß langsame und schwache Helligkeitsänderungen vorliegen.

S 10069 Del    Langsam veränderlich (unregelmäßig); $12^m_.3 - 12^m_.8$

Es treten in der Lichtkurve dieses rot gefärbten Sternes ungleichmäßige, schwach ausgeprägte Wellen von längerer Dauer mit gelegentlichen Stillständen auf. Ausgeprägtere Erhellungen wurden bei 242 6680, 6890, 243 4960, 8320 gefunden.

S 10070 Del    Langsam veränderlich (unregelmäßig); $13^m_.5 - 14^m_.0$

Der rot gefärbte Veränderliche ist durch langsame Helligkeitsänderungen kleiner Amplitude charakterisiert. Eine markante Erhellung hebt sich um 243 8318 ab.

GR Del    RRab-Stern; $15^m_.9$ -[$17^m_.0$
Max. = 242 9846.450 + $0^d_.566973 \cdot E$
t(max) - t(min) $\approx 0^p_.20$

| JD | E | B-R | JD | E | B-R |
|---|---|---|---|---|---|
| 242 9846.440 | 0 | $-0^d_.010$ | 243 8290.399 | 14893 | $+0^d_.020$ |
| 243 0608.471 | 1344 | +0.009 | 8311.356 | 14930 | -0.001 |
| 8286.413 | 14886 | +0.003 | 8323.266 | 14951 | +0.003 |

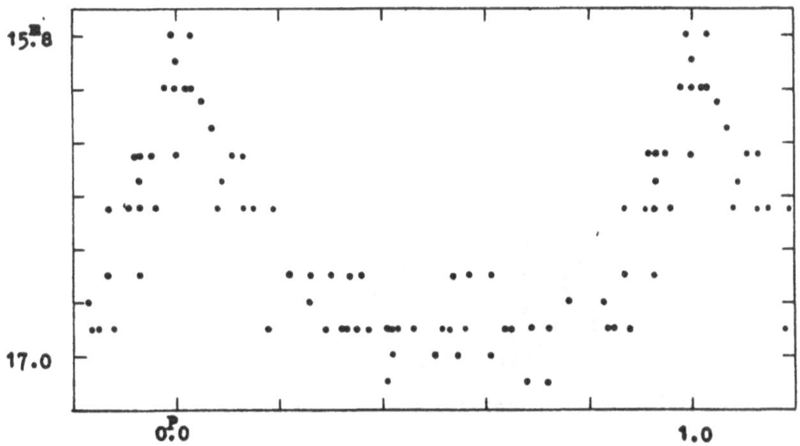

GS Del — Bedeckungsstern; $15^{m}_{\cdot}5 - 16^{m}_{\cdot}5$

Es konnten nur die folgenden, nicht immer deutlichen Minima beobachtet werden: 242 8009.508, 243 0608.428, 7145.433, 8289.427, 9378.413.

GT Del — Langsam veränderlich; $15^{m}_{\cdot}5$ –[$17^{m}_{\cdot}0$

Der Veränderliche lag außerhalb des Gesichtsfeldes der Platten des Astrographen 400/1950 mm und des 170-mm-Triplets. Die übrigen Platten (Astrograph 400/1600 mm), teilweise aus Reihenaufnahmen bestehend, lassen auf keinen raschen Lichtwechsel schließen. Ein Maximum wurde um 243 8287 beobachtet.

HZ Del — Bedeckungsstern; $14^{m}_{\cdot}5 - 15^{m}_{\cdot}0$

Eine genauere Kennzeichnung des Veränderlichen war nicht möglich, da nur ein einigermaßen gesichertes Minimum bei 243 5315.446 gefunden wurde.

S 8306 Del — Langsam veränderlich (unregelmäßig); $14^{m}_{\cdot}7 - 15^{m}_{\cdot}3$

Der rötlich gefärbte Stern zeigte nur geringfügigen langsamen Lichtwechsel mit einer merklichen Erhellung um 243 0600.

S 10071 Del — Kurzperiodisch; $12^{m}_{\cdot}7 - 13^{m}_{\cdot}2$

Maxima wurden um 242 9845.497, 9846.412, 243 0608.428, 0613.529 beobachtet.

II Del — RR-Lyrae-Stern? $14^{m}_{\cdot}3 - 15^{m}_{\cdot}0$

Max. = 242 9844.459 + $0^{d}_{\cdot}408021 \cdot E$

| JD | E | B-R |
|---|---|---|
| 242 9844.499 | 0 | $+0^{d}_{\cdot}040$ |
| 9846.496 | 5 | -0.003 |
| 9851.399 | 17 | +0.004 |
| 243 0593.563 | 1836 | -0.023 |
| 0607.466 | 1870 | +0.008 |
| 0612.364 | 1882 | +0.009 |
| 0613.555 | 1885 | -0.024 |
| 0614.373 | 1887 | -0.022 |
| 8652.396 | 21587 | -0.012 |

Es war keine Entscheidung zwischen RRc- und EW-Art möglich.

GV Del RR-Lyrae-Stern; $15\overset{m}{.}5 - 16\overset{m}{.}5$

Die gefundenen Erhellungen 242 9846.440, 243 0606.340, 0608.428, 0614.373, 8290.314, 8652.400 lassen sich durch die Elemente

$$\text{Max.} = 242\ 9846.440 + 0\overset{d}{.}330290 \cdot E$$

darstellen, die aber nicht als gesichert angesehen werden können.

IK Del RRab-Stern? $15\overset{m}{.}8 - 16\overset{m}{.}8$

$$\text{Max.} = 242\ 9789.487 + 0\overset{d}{.}339157 \cdot E$$

| JD | E | B-R |
|---|---|---|
| 242 9789.487:: | 0 | $0\overset{d}{.}000$ |
| 243 0619.406:: | 2447 | +0.002 |
| 8286.370 | 25053 | -0.017 |
| 8288.401 | 25059 | -0.021 |
| 8290.441 | 25065 | -0.016 |
| 8318.269 | 25147 | +0.001 |
| 8652.340 | 26132 | +0.002 |

HS Del RRab-Stern? $16\overset{m}{.}0 - 17\overset{m}{.}0$

$$\text{Max.} = 242\ 9844.516 + 0\overset{d}{.}326411 \cdot E$$

| JD | E | B-R | JD | E | B-R |
|---|---|---|---|---|---|
| 242 9844.526 | 0 | $+0\overset{d}{.}010$ | 243 8290.441 | 25875 | $+0\overset{d}{.}040$ |
| 9846.468 | 6 | -0.006 | 8311.271 | 25939 | -0.020 |
| 243 0606.339 | 2334 | -0.020 | 8324.328 | 25979 | -0.019 |
| 0614.540 | 2359 | +0.020 | 8325.309 | 25982 | -0.018 |
| 8289.427 | 25872 | +0.006 | 8652.396 | 26984 | +0.006 |

Die Lichtschwäche beeinträchtigte die Bearbeitung des Veränderlichen. Die angegebenen Elemente müssen durch weitere Beobachtungen überprüft werden.

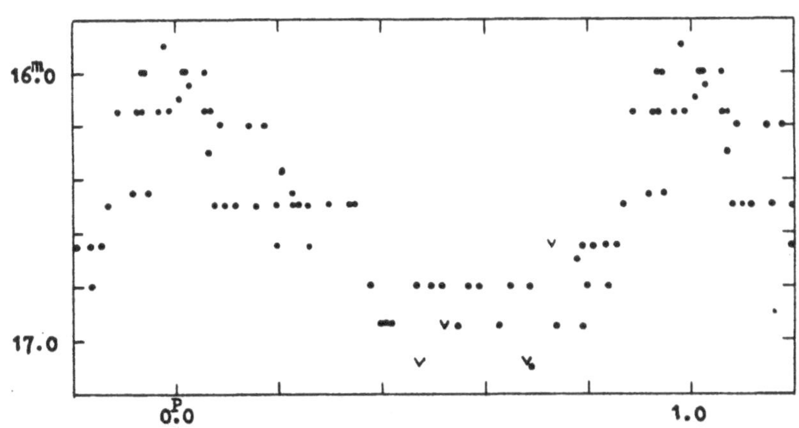

HT Del RRab-Stern? $15^m_.6 - 16^m_.7$

Max. = 242 9845.487 + $0^d_.362494 \cdot E$

| JD | E | B−R |
|---|---|---|
| 242 9845.497 | 0 | $+0^d_.010$ |
| 243 0614.330 | 2121 | −0.007 |
| 0619.410: | 2135 | −0.002 |
| 6023.470 | 17043 | −0.002 |
| 8289.427 | 23294 | +0.005 |
| 8325.309: | 23393 | 0.000 |
| 9054.289 | 25404 | +0.004 |

GX Del RR-Lyrae-Stern; $14^m_.5 - 15^m_.7$

Der Veränderliche lag am unmittelbaren Plattenrand von 60 Astrographenplatten (400/1600 mm). Die Aufnahmen des 170-mm-Triplets und des Astrographen 400/1950 mm kamen aus diesem Grunde für eine Auswertung nicht in Betracht. Der Stern zeigte sich überwiegend im Helligkeitsminimum. Es konnte nur ein Anstieg bei 243 9378.450 beobachtet werden.

S 9693 Del Langsam veränderlich; $14^m_.2 - 14^m_.8$

Von diesem rot gefärbten Stern liegt wenig Beobachtungsmaterial vor, das nur auf langsamen Lichtwechsel schließen läßt.

# Zur Geschichte der Erde und des Kosmos

(Veröffentlichungen des Forschungsbereichs Kosmische Physik der AdW, Heft 1)

1973. 74 Seiten – 3 Abbildungen – 2 Tabellen
Broschiert 10,– M
Bestell-Nr. 761 756 9 (2156/1)

Der Titel enthält 3 Arbeiten international anerkannter Wissenschaftler, die jeder von seinem Fachgebiet aus einen Beitrag zur Erforschung der Geschichte von Erde und Kosmos leisten. Prof. Dr. A. Watznauer untersucht die Frage nach der Historizität der Naturgesetze und geht dabei vom ganz allgemeinen Fall aus speziell auf die Erdgeschichte ein.
Prof. H. Lambrecht legt einen sehr interessanten Beitrag zur Kosmogonie der interstellaren Materie vor, die für die Planetenentstehung von Bedeutung ist.
Prof. H.-J. Treder, der als Leiter des Forschungsbereichs Kosmische Physik gleichzeitig Herausgeber dieser Schriftenreihe ist, untersucht die Zeitabhängigkeit der Naturgesetze als Spezialfall der Einsteinschen Relativitätstheorie. Damit liegt als Heft 1 der neuen Schriftenreihe ein thematisch sehr umfassendes und interessantes Heft vor.

*Bestellungen durch eine Buchhandlung erbeten*

AKADEMIE-VERLAG · BERLIN

FSC
www.fsc.org
MIX
Papier | Fördert
gute Waldnutzung
FSC® C083411

Zeitfracht Medien GmbH
Ferdinand-Jühlke-Straße 7
99095 Erfurt, Deutschland
produktsicherheit@kolibri360.de